ARCHITECTURAL CAD

건축캐드

임형규 · 김종기 · 신동규 · 정현원 공 저

AUTO CAD 2D · AUTO CAD 3D
3DS Max · Photo Shop

도서출판
구미서관

머리말

오늘날 영상 미디어는 사람들의 생활에서 중심이 되고 있다. 회화, 조각부터 사진, 텔레비전, 영화, 인터넷을 넘나들며 전 장르를 걸쳐서 영상문화의 영향을 받고 있다. 이런 다양한 미디어 세상에서 뭔가 보여주고 싶고, 잘 보이고 싶고, 그러지 못하면 만족도 못하고 효과도 떨어진다는 비주얼(Visual)시대에 있다. 건축분야에서도 수작업에서 컴퓨터로 작업하면서 좀 더 효과적인 방법을 추구하게 되었고, 지금 Auto CAD 2D 도면에서 3D 모델링 그리고 더 만족스런 효과를 위해 3DS MAX에 Photo Shop 작업을 더하여 최고의 프레젠테이션 효과를 요구하고 있다.

하나의 건축 작품을 만들어 보이기 위해 여러 개의 소프트웨어 프로그램을 활용하게 되며, Auto CAD 2D와 3D, 3DS MAX, Photo Shop 등의 작업을 거치게 된다. 따라서 저자는 이런 프로그램들을 작업 프로세스 중심으로 연속적으로 연계하여 한권의 책자로 만들었다.

우리가 길을 떠나 목적지에 도달할 때, 처음으로 가는 길, 낯선 길의 경우 두렵고 긴장되고 초조하고 험난하게 느끼며 정말로 멀게 느껴진다. 그러나 그 길을 다시금 갈 때는 쉽게 느껴질 뿐만 아니라 자신감도 갖게 되고 빨리 도착하게 된다. 즉 목적지를 가는 길을 어렴풋이 라도 알게 되어 적어도 낯설지 않기 때문에 자신감까지 생기게 된다. 이것이 저자의 교육방법이다.

이러한 저자의 교육방법을 고려하여, 본 책자는 기초적인 내용을 중심으로 간략하게 서술하여, 처음 가는 길이 가능한 짧고, 쉽게 갈 수 있도록 하였고, 이 과정 이 후에는 학습자 스스로가 여러 번 반복 작업을 진행하다보면 의문점이 생기고 해결하고 또 되풀이하게 되어, 결국 최상급 수준의 프로의 단계에 진입하게 된다고 생각한다. 따라서 처음부터 많은 양과 상세한 내용을 접하게 되어 지루하게 학습하는 것보다는, 성큼성큼 쉽게 진행하여 일단 목표지점까지 가고, 다시 반복해서 학습하게 되면 어렵지 않게 성취감을 가질 것으로 생각된다.

이러한 학습적 방법을 고려하여 본 책자의 내용을 구성하게 되었으며, 미흡한 부분은 차후에 보완할 것을 약속드리며, 학습자 여러분들에게 조금이라도 도움이 되었으면 합니다.

저자일동

목차

Auto CAD 2D

Chapter 01 Auto CAD 개념과 구성

Chapter 02 Auto CAD 기초 다지기

Chapter 03 주요 편집 명령어

Chapter 04 주요 편집 명령어

Chapter 06 평면도 작도

AUTO CAD 3D

Chapter 01 CAD 3D 개념

Chapter 02 3D 객체 만들기

Chapter 03 3D 편집 명령어

Chapter 04 3D 모델링 따라하기

3DS Max

Chapter 01 3DS Max 화면구성

Chapter 02 화면구성과 Tool Box

Chapter 03 3DS Max 따라하기

Photo Shop

Chapter 01 화면구성과 Tool Box

Chapter 02 이미지 작업

Chapter 03 평면도 포토샵 작업

Chapter 04 도판작업

Auto CAD 2D

Auto CAD 화면구성과 툴들의 성격, 프로그램 운영방법 등에 대한 기본 개념을 잡고 구체적인 작도방법에 대한 Feeling을 가지게 된다.

2D
Auto CAD

Auto CAD 2D

Chapter 01 Auto CAD 기초개념 잡기

Auto CAD 개념과 구성

Lesson 01 Auto CAD 발전과 학습방향

건축도면 작도 프로그램 중 Auto CAD는 오랜 역사를 가진 소프트웨어로서 현재 국내에서 가장 많이 사용되고 있는 프로그램이다. 미국의 Autodesk 사에서 개발한 것으로 1982년 12월 Version 1.0(R1)으로 출발하여 발전해 왔고, 1999년 Auto CAD 2000을 발표하고 세계적 범용적인 프로그램으로 확산되어 많은 국가에서 이용되고 있다.

CAD란 Computer Aided Design & Drafting의 머리글자로 컴퓨터를 이용한 설계 및 제도를 의미하며, 프로그램 처리 속도가 빠른 컴퓨터 기종과 고해상도의 그래픽 디스플레이 장치가 속속 개발되면서 빠른 속도로 발전 되고 있다.
공업생산 현장에서 CAD는 CAM(컴퓨터를 이용한 가공) 그리고 CAE(컴퓨터를 이용한 해석)와 유기적으로 결합하여 전 공정의 자동화를 꾀하고 있다.

Auto CAD 시스템의 활용은 설계 공정에서 공업생산에 이르기까지 획기적인 성력화와 기술적인 발전을 가져다주고 있다. 각 생산 공정에서는 이러한 효과적인 도구를 이용하여 궁극적으로는 종합 생산 시스템의 처음 단계로서 중요한 의미를 가진다. 설계관련 정보는 기술 정보 뿐만 아니라 생산관리 정보 등 여러 형태의 정보가 있다. 이들 정보가 유기적으로 연결되어 Auto CAD의 효과가 극대화되며, 또한 CAD의 기초적 단위를 중심으로 건축과 관련한 많은 소프트웨어를 유기적으로 구성하여, 즉 BIM(Building Information Modelling)프로그램과 같이 건축생산 프로세스에 있어 가장 일관된 생산경로시스템으로 제어 및 관리 그리고 운영에 이르기까지 집성된 소프트웨어로 발달하게 이르렀다.

CAD시스템의 활용분야는 매우 광범위하게 이용되고 있지만, 가장 많이 활용되는 분야를 예를 들자면, 기계설계(Mechanical Design), 전기 전자 설계(Electric/electronic Design), 금형 설계(Mold Design), 건축 설계(Architecture Design), GIS(Geographic information system) 등, 그 외 많이 활용되고 있다.

그리고 최근에는 BIM(빌딩정보모델링) 프로그램이 개발되어 사용되고 있으며, 이것은 기존의 개별적인 프로그램인 도면작성 프로그램, 모델링, 렌더링, 구조해석, 시공관리, 일조계획 등등을 종합화하여 하나의 시스템을 구성한 프로그램으로 최근에 많이 각광을 받고 있다.

이와 같이 여러 개의 프로그램이 필요에 따라서 단계적으로 또는 유기적으로 상관관계를 가지며 작업을 위해 프로그램을 운영해야하는 것에서, 앞으로는 이러한 개개의 프로그램을 하나의 시스템으로 구성한 프로그램들이 더욱더 개발되고 발전하게 될 것이다.

그러나 이러한 통합된 프로그램을 활용하기 위한 학습방법은 결국 이런 하나하나 일련의 프로그램들을 학습해야 한다. 따라서 본 단락에서는 이런 모든 건축 프레젠테이션의 환경을 고려한 기초학력을 다지고 자기학습으로 상급수준까지 다다르게 하는 것을 최종 목표로 내용들을 구성하였다. 크게 구분하여 Auto CAD의 2D와 3D 그리고 3DS MAX, Photo Shop프로그램에 대한 활용 학습을 중심으로, 각 프로그램 활용을 위한 명령어 중심으로 구성하여 쉽게 접근하고 쉽게 학습할 수 있도록 하였으며, 반복학습을 위한 연습도면을 단락마다 구성하여 학습과 이해 그리고 확인과 숙달의 과정을 매 단락으로 구성하여, 보다 더 쉽게 학습할 수 있도록 구성되어 있다.

■■■■

Lesson 02 Auto CAD 시작과 종료

1. Auto CAD 시작하기

① 윈도우 바탕화면에서 실행하는 경우
Auto CAD 바탕화면에서 실행할 경우, Auto CAD 아이콘 을 클릭하여 실행한다.

② 윈도우 시작 프로그램에서 실행하는 경우
윈도우 시작메뉴를 선택하여 Auto CAD를 실행한다.

2. Auto CAD 종료하기

① Auto CAD 화면 우측 상단에 있는 X 버튼을 클릭하여 종료한다.
② 명령어 이용방법
Auto CAD 명령영역에서 Exit/Quit을 입력하여 종료하는 방법, 또는 풀다운메뉴에서 파일 → 종료 X 을 선택하여 종료한다.

3. 저장

도면을 작성한 후에 저장하는 방법으로 일반적 소프트웨어와 거의 같은 방법으로 있다.

(1) 풀다운 메뉴에서 저장하는 방법

파일 → 저장(S) 또는 파일 → 다른 이름으로 저장(A) → 파일이름 작성 → OK

(2) 명령영역에서 입력방법

Command : Save or Save as ↵

메뉴	설명	Alias
New	새 도면을 작성할 때 사용	N
Open	기존의 도면을 불러올 때 사용	
Save	작업 도면을 저장할 때 사용	S
Save As	새 이름으로 저장할 때 사용	
Quit	종료	Q

Lesson 03 Auto CAD 화면 구성

Auto CAD 프로그램은 기본적으로 화면구성은 풀다운 메뉴 바(Main Menu), 표준 툴바(Tool Bar), 작업영역, 명령영역 등으로 구성되어 있다.

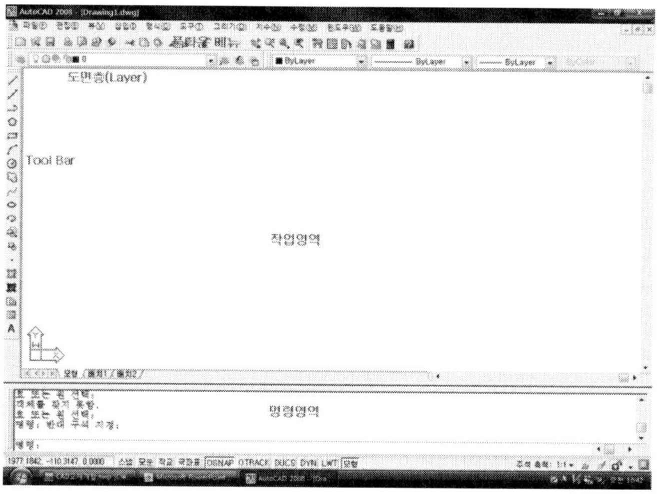

1. 풀다운 메뉴 바(PULL DOWN MENU)

POP1(File), POP2(Edit). POP3(View) 등, MENU에서 클릭을 할 경우 밑으로 풀다운 메뉴가 나오며 필요한 작업을 선택하여 수행한다.

2. 툴바(TOOL BAR)

CAD 사용 중 쓰게 될 명령어가 그림으로 나타나며 이곳을 클릭하면 명령이 실행된다. 마우스 오른쪽 버튼을 누르면 도구막대가 나타난다.

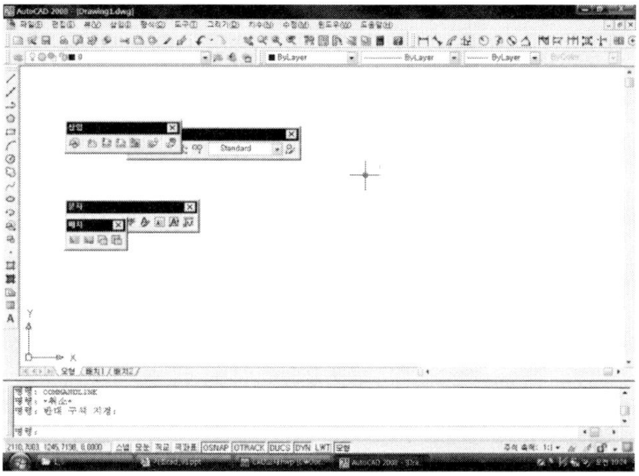

3. 영역(AREA)

- 작업영역(DRAWING AREA) : 화면상에 그려지는 도면의 작업 영역
- 명령영역(COMMAND AREA) : 사용자와 프로그램 명령어로 대화하는 영역으로, 그리고 싶은 도형의 명령어를 입력하고 응답하는 곳
- 커서영역(CURSOR COMMAND) : 커서 우측부분에 명령어를 입력할 수 있는 곳이 있어 작업의 신속성과 편리성을 제공하고 있다.

Lesson 04 기타 사항

스냅 모눈 직교 극좌표 OSNAP OTRACK DUCS DYN LWT 모형

Command Area 하단부에 위치, 도면작도에 편리한 아이콘들이 배열되어 있음.

1. GRID(줄눈)

(1) 명령어

① Keyboard : Grid
② 아이콘 Menu : **모눈** 아이콘 클릭
③ Function Key : F7

▶ 사용 : grid

모눈 간격두기(x) 지정 또는 [켜기(ON)/끄기(OFF)/스냅(S)/주(M)/가변(D)/한계(L)/따름(F)/종횡비(A)]〈10.00> :

2. SNAP(스냅)

마우스를 일정한 간격으로 이동시킬 수 있는 기능을 이용할 때 사용한다. 예를 들어, 5mm간격의 점들을 가로로 10개 찍어야 한다면, 스냅 간격을 5로 주고, F9를 눌러서 스냅 모드를 ON시키면, 이제 5 간격으로 마우스 점이 자동으로 움직여 쉽게 10개를 찍을 수 있다.

(1) 명령어

① Keyboard : Snap
② 아이콘 Menu : **스냅** 아이콘 클릭
③ Function Key : F9
④ Alias : SN

▶ 사용 : snap

스냅 간격두기 지정 또는 [켜기(ON)/끄기(OFF)/종횡비(A)/스타일(S)/유형(T)]〈10.00> :

3. ORTHO(직교)

크로스 헤어의 움직임이 수평, 수직으로만 이동한다.

(1) 명령어

① Keyboard : Ortho
② 아이콘 Menu : 직교 아이콘 클릭
③ Function Key : F8

▶ **사용 : ORTHO**

모드 입력 [켜기(ON)/끄기(OFF)]〈끄기> :

Chapter 02

Auto CAD 작도능력 기초 다지기

Auto CAD 기초 다지기

Lesson 01 도형 편집 좌표계

도면을 작도하기위한 좌표가 설정되어 있으며 좌표에 따라 도형이 그려진다. 따라서 좌표의 종류에는 절대좌표와 상대좌표가 있으며, 일반적으로 상대좌표가 가장 많이 사용되는 방식이다.

1. 절대좌표(X, Y)

모든 절대좌표는 도면의 원점(0,0)을 기준으로 한다.

입력방식 : x, y 예) 10,10

Command : Line ↵ → 0,0 ↵ → 50,0 ↵ → 50,20 ↵ → 0,20 ↵ → 0,0 ↵

2. 상대좌표(@X, Y)

마지막 점(위치)을 기준 원점으로 상대적인 위치(좌표)를 지정한다. @을 먼저 기입하고 좌표를 설정하며 일반적으로 가장 많이 사용되는 방식이다.

입력방식 : @ x, y 예) @10, 10

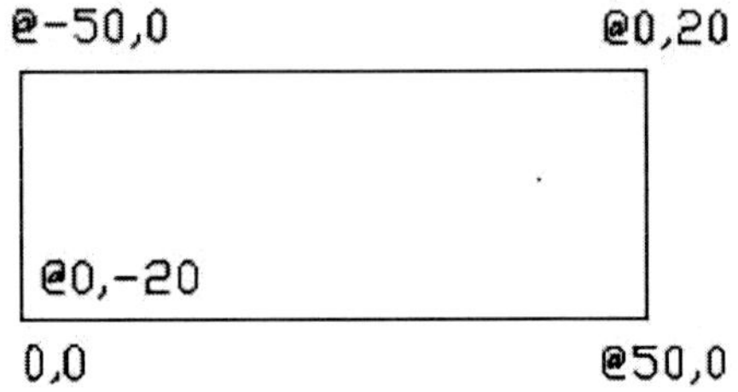

Command : Line↵ → 0,0↵ → @50,0↵ → @0,20↵ → @-50,0↵ → @0,-20↵

3. 상대극좌표(@거리<각도)

마지막 점(위치)을 기준으로 거리와 각도를 상대적인 위치(좌 표)를 지정한다. 각도를 정할 때는 반 시계방향(CCW)은(+), 시계방향(CW)은(-)로 한다.

※ 상대극좌표에서, 각도를 0으로 하였을 경우의(@400<0)는 상대좌표(@400,0)와 같다.

입력방식 : @거리<각도 예) @10<30

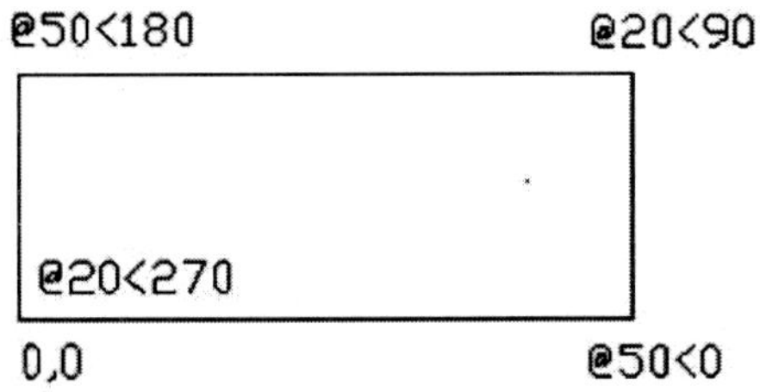

Command : Line↵ → 0,0↵ → @50<0↵ → @20<90↵ → @50<180↵ → @20<270↵

Lesson 02 좌표 입력 방법

1. 도면의 양식

표-도면크기와 축척관계

축척 ＼ 규격용지	A1	A3	A4
1 : 1	841×594	420×297	297×210
1 : 10	8410×5940	4200×2970	2970×2100
1 : 100	84100×59400	42000×29700	29700×21000

표-도면규격

축척 ＼ 규격	A0	A1	A3	A3	A4
가로×세로(a×b)	1189×841	841×594	594×420	420×297	297×210
외각선 여백(c)	20	20	10	10	10
철할 경우(d)	25	25	25	25	25

- 윤곽(테두리선) – 굵기 0.5mm 이상의 실선으로 한다.
- 표제란 – 도면 우측하단에 삽입, 도면번호, 도명, 기업(단체)명, 책임자 서명(도장), 면작성 년월일, 척도/투상법, 작성자

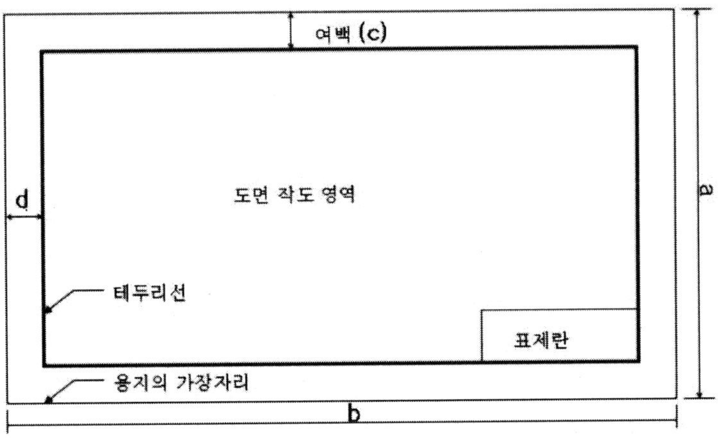

2. Limits 명령어(도면 작업 범위를 설정)

용지의 크기를 설정하고 축척을 정하는 것으로 도면작도에 있어 가장 먼저 선행되는 작업이다.

Limits ↵ →0,0 ↵ → 원하는 치수기입(420,297) ↵ → zoom ↵ → all ↵

Lesson 03 그리기 명령어

① 풀다운메뉴(PULL DOWN MENU)에서 그리기 명령어 선택

② TOOL BAR에서 그리기 명령어 선택

① ② ③ ④ ⑤ ⑥ ⑦ ⑧ ⑨ ⑩ ⑪ ⑫ ⑬ ⑭ ⑮ ⑯ ⑰ ⑱ ⑲

① 선 : 직선 긋기
② 구성선 : 무한선 긋기
③ 폴리선 : 한 개의 선으로 연속적으로 긋기
④ 다각형 : 정다각형 그리기
⑤ 직사각형 : 직사각형 그리기
⑥ 호 : 호 그리기
⑦ 원 : 원 그리기
⑧ 구름형 수정 기호 : 구름형태의 수정 표시 그리기
⑨ 스플라인 : 자유곡선 그리기
⑩ 타원 : 타원형 그리기
⑪ 타원 호 : 타원형 호 그리기
⑫ 블록삽입 : 블록 삽입하기
⑬ 블록작성 : 블록 저장하기
⑭ 점 : 점 그리기
⑮ 해치 : 다양한 형태의 해치 그리기
⑯ 그러데이션 : 그러데이션으로 면 채우기
⑰ 영역 : 영역 객체로 변환
⑱ 테이블 : 표 그리기
⑲ 여러 줄 문자 : 여러 줄 문자 쓰기

1. Line(선긋기)

(1) 명령어

① Toolbar : Draw 2D > Line :
② Menu : 그리기(D) > 선(L)
③ Keyboard : Line
④ Alias : L

(2) 그리기 방법

① 임의 선 긋기

Line ↵ → Drawing Area에 임의의 위치에 클릭 → 소정의 지점에 클릭 → 또 다음 지점 클릭 ↵

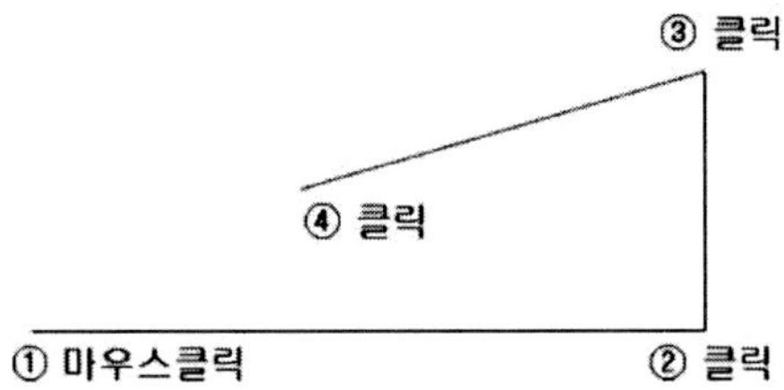

② 소정의 길이로 선분 긋기

Line ↵ → Drawing Area에 임의의 위치에 클릭 → 다음 점 지정 ①(@40,0) ↵ →
또 다음 점 지정 ②(@0,60) ↵

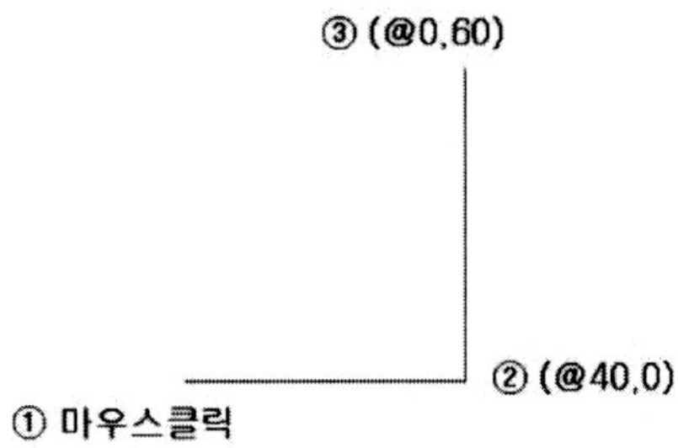

※ 더블클릭은 엔터(↵)의 기능과 같다.

2. 원 그리기(Circle)

(1) 명령어

① Toolbar : Draw 2D > Circle : 
② Menu : 그리기(D) > 원(C)
③ Keyboard : Circle
④ Alias : C

(2) 그리기 방법

① 임의의 원 그리기

Circle ↵ → Drawing Area에 임의의 위치에 클릭 → 소정의 지점에 클릭 → 또 다음 지점 클릭 ↵

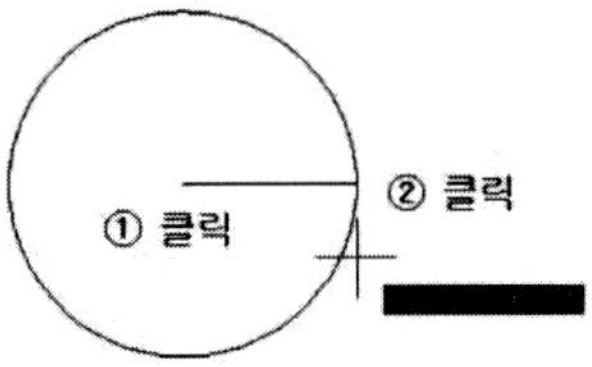

② 소정의 크기로 원 그리기

Circle ↵ → Drawing Area에 임의의 위치에 클릭 → ① 반지름(R) 또는 지름의 길이 입력 100 ↵

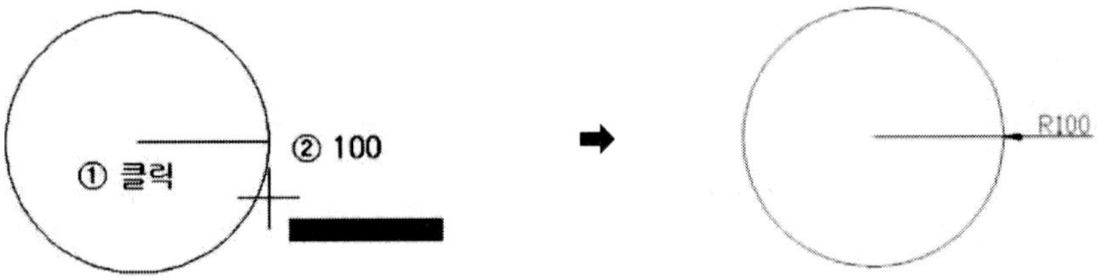

(3) 추가 명령어

① Center of circle, radius : 원의 중심과 반지름 지정
② Center of circle, diameter : 원의 중심과 지름 지정
③ 2Point : 두 점을 지름으로 하는 점
④ 3Point : 세 점을 지나는 원
⑤ Ttr : 두 접선과 반지름으로 된 원
⑥ Arc : 호로 그려진 도형을 원으로 전환
⑦ Multiple : 처음 작성된 원을 다중으로 복사.

1. 연습

■작도방법

1) Center of circle, radius : 원의 중심 =(20, 20), 반지름 = 5
2) Center of circle, diameter : 원의 중심 =(50, 20), 반지름 = 10
3) 2Point : 첫 번째 점 지정, 두 번째 점 지정 =(@10<0),(a1, a2)
4) 3Point : 세 점을 지정
5) RadTanTan : 두 접선을 지정, 원의 반지름 지정

접선A와 접선 B에 접하고 반지름이 C인 원 그리기	접선 A와 접선 B와 접선 C에 접하는 원 그리기
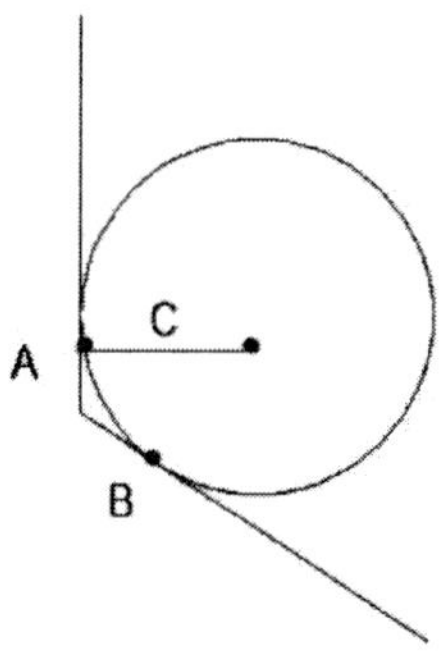	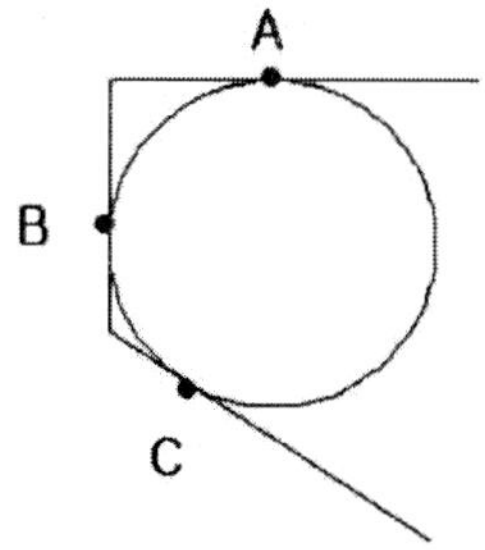

2. 연습

원형그리기 연습으로 다양한 방법이 있지만 기본적으로 가장 정확하고 빠른 방법으로 작도할 수 있는 방법을 선택한다.

■작도방법 : 원형 [Circle(단축키-C) 명령어]

원 ① : Circle ↵ → 임의에 클릭 → 소정의 값을 입력.
원 ④ : Circle ↵ → 2P → 선②와 ③을 클릭
원 ⑥ : Circle ↵ → 3P → 선②, ③, ⑤를 클릭
원 ⑦ : Circle ↵ → TTR → 원①과 ⑥의 원주를 클릭

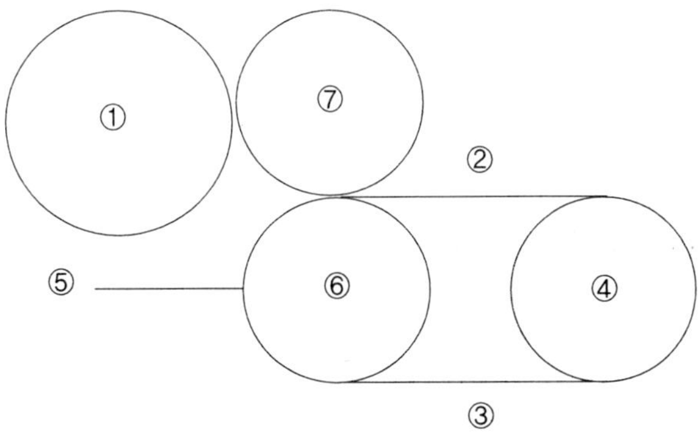

3. Delete, Erase[단축키–E(제거)] 및 Oops [복구]

(1) 명령어

① Keyboard : Erase, Delete
② Menu : 편집(E) > 지우기(A)
③ Alias : e

(2) 사용 방법

erase : 지우기 명령 [: erase(or e) or 부호]

erase ↵ → 마우스로 객체 선택(클릭) → ↵(지움)

oops : 지운 요소를 복구

4. Undo [단축키–U(명령취소)] 및 Redo [명령복구]

Undo : 엔터를 할 때마다 앞의 명령이 취소된다.
Redo : Undo(U)로 명령이 취소된 명령 중 가장 마지막에 취소된 과정만 복구된다.

(1) 명령어

① Keyboard : Undo
② Menu : 편집(E) > 명령어 취소(U)
③ Alias : U

(2) 사용 방법

undo ↵ → ↵(앞 명령어 취소) → ↵(앞 명령어 취소)

3. 연습

임의 다양한 선분을 긋고 삭제 및 복구, 취소 등의 명령어를 다양하게 활용하여 보자.

① 사용자가 원하는 요소 삭제
② 모든 요소를 한 번에 삭제

임의 도형을 만들어서 지우는 연습으로 명령어 사용에 익숙하게 한다.

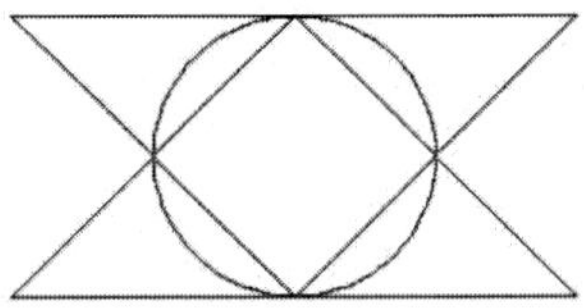

5. 객체 스냅(Object Snap)

도면 작도 중 사전에 그려진 대상물에 이어서 계속 다른 요소를 그리려면, 사전에 작도한 대상물의 어느 한 부분의 어떤 점을 정확하게 찾아야 할 경우가 있다. 그럴 경우에 OSNAP 명령은 지정 위치를 정확하게 일치 시키지 않거나, 선택박스(Aperture Box) 또는 커서가 요소의 정확한 위치를 선택하지 않아도 관련된 점을 정확하게 일치 시켜 주는 기능을 활용하는 방법이다.

(1) 명령어

① Toolbar : 메뉴 바에서 마우스 우측 클릭 > 객체스냅 툴바 오픈 > 객체스냅 클릭
② Keyboard : Osnap > 객체스냅 윈도우창 오픈
③ Alias : OS

(2) 사용방법

① [shift] +Mouse 오른쪽 버튼 클릭 → 개체스냅 설정 값 선택 → 개체스냅 설정 값 윈도우가 열림 → 해당 개체스냅 설정 값 선택

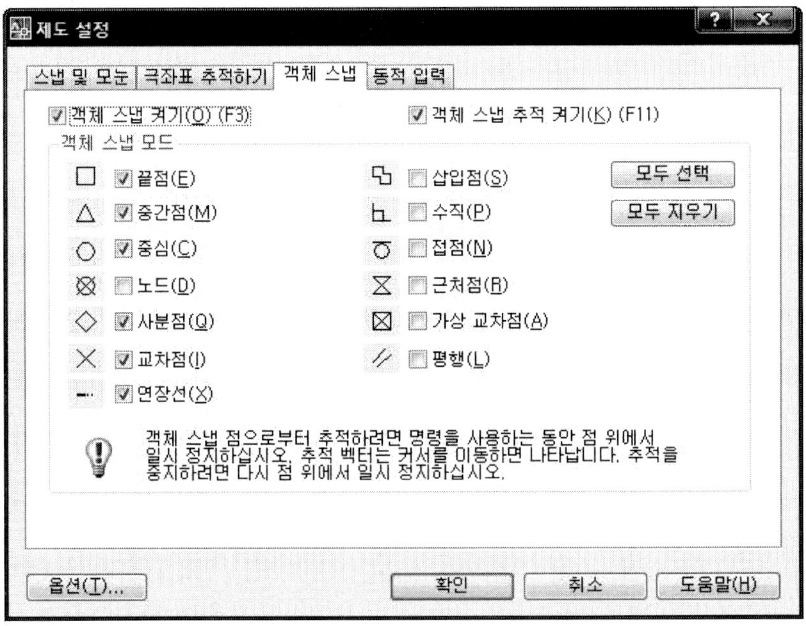

② 단 한번의 osnap 기능을 사용할 경우 : [shift] +Mouse 오른쪽 버튼 선택 해당 osnap 옵션 선택

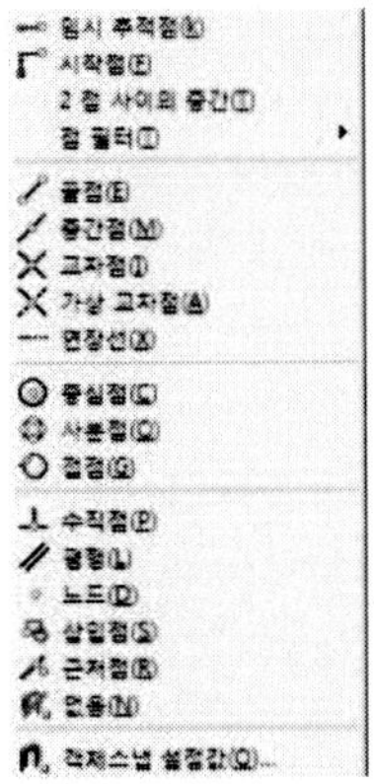

(3) 추가 명령어

CENter	호나 원의 중심점
ENDpoint	직선이나 호의 가장 가까운 끝 점
INTersection	직선, 호, 원 들이 교차하는 점
MIDpoint	직선이나 호의 중간점
NEArest	교차형 커서의 위치에서 가장 가까운 entity(직선, 호, 원)
PERpendicular	지정된 entity(직선, 호, 원)의 법선(직각모드)
QUAdrant	호나 원의 상, 하, 좌, 우 중에서 가장 가까운 4분점
TANgent	지정된 대상물에 접선을 형성하는 원이나 호의 접점
NONE	Osnap 취소
INSert(ion point)	Text, block, shape, attribute의 삽입 기준점을 지정
Clear entity snaps	지정된 객체스냅을 취소
NODe	분할(divide)이나 측정(Measure)으로 나누어 지정해 둔 점

(4) 주의

① Osnap을 사용할 때 발생하는 Box를 Aperture box라 한다.
② Osnap mode는 항상 명령 수행 중에 사용해야 한다.
③ 여러 Osnap을 동시에 지정 할 수 있다.

6. Aperture(Object Snap BOX 크기 설정)

객체스냅을 생성시켜 선택할 선분 근접에서 해당 선분에 나타나는 Object Snap BOX() 크기를 설정한다. 한 번 지정된 변수 값은 다음에 다시 설정하여 줄 때까지 계속 유효하다. 단 도면을 다른 Program에서 운용할 경우 그 Program의 기본 값이 크기 값이 된다.

```
명령 : aperture
객체 스냅 표적 높이(1-50 픽셀) <5> : 20
```

4. 연습

객체스냅 사각형의 중간점과 삼각형의 끝점을 이용한 경우를 아래 그림에 표시하였으나, 많은 도형을 그리고 객체스냅을 활용할 수 있는 학습을 반복하여 보자.

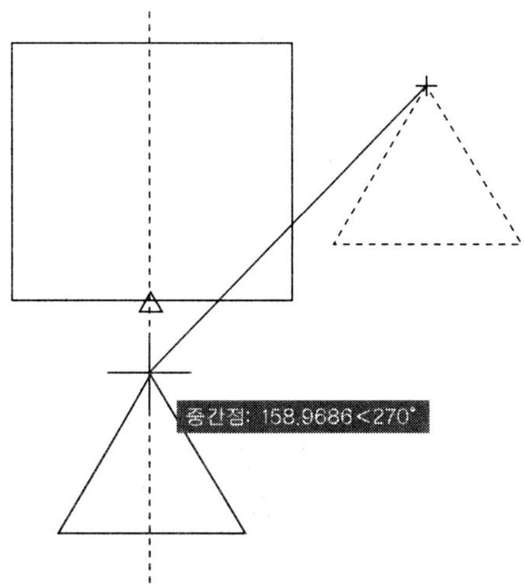

7. Select(도면의 선택)

(1) 명령어

Keyboard : Select

(2) 사용 방법

① Select ↵ → all ↵ : 화면상에 있는 도면 요소 모두 선택
② 선택 제외 방법 : 선택한 요소에 Shift + 마우스 클릭

③ 윈도우 선택(window–inside) : 영역 내에 완전히 포함된 요소들 만 선택됨 마우스를 왼쪽에서 시작하여 오른쪽 위쪽으로 범위를 정하면 window 기능이다.

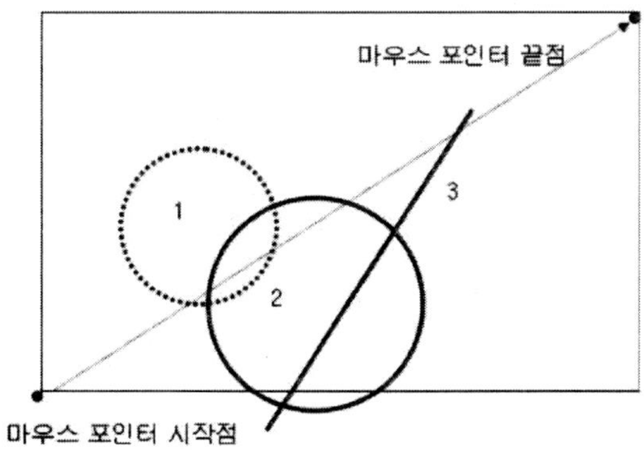

④ 크로스 선택(crossing window) : 영역 내에 일부라도 포함된 요소들도 선택됨 마우스를 오른쪽에서 시작하여 왼쪽 아래로 범위를 정하면 crossing의 기능하게 된다.

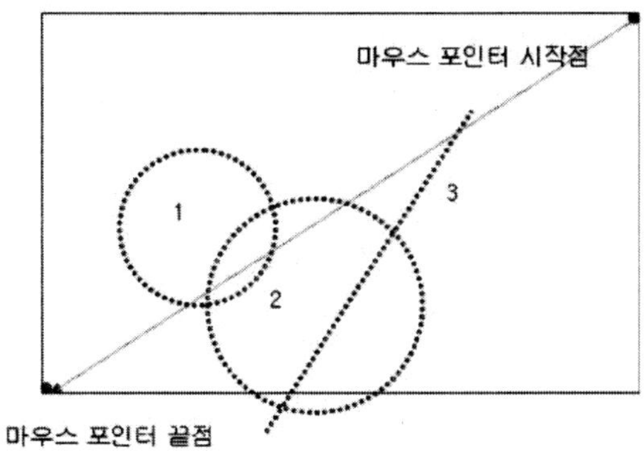

8. ZOOM(확대)

어느 한 요소를 확대하거나 또는 모든 요소들을 화면에 전부 나타나게 하는 기능이다.

(1) 명령어

① Menu : View → Zoom
② Keyboard : Zoom ③ Alias : Z

(2) 사용 방법

Zoom ↵ → In/Out/All/Center/Extents/Left/Previous/Right/Windows/<Scale (nX/nXP> ↵ → C ↵ → Center of view < , > : P1↵ → 화면의 중심 지정

(3) 추가명령어

Zoom In	일정한 배율로 확대
Zoom Out	일정한 배율로 축소
All	도면한계 전부를 보임
Center	중심과 배율 또는 높이에 의해 보임
Extents	도면 전체를 화면에 꽉 차게 보임
Left	왼쪽을 기준으로 지정한 배율 또는 높이에 의해 보임
Previous	바로 전의 상태로 되돌림
Right	오른쪽을 기준으로 지정한 배율 또는 높이에 의해 보임
Window	box를 만들어 그 부분만 확대
nX	초기에 확대, 축소 배율을 지정
nXP	모델 영역단위를 페이퍼 단위 영역에 크기를 지정

9. Regen / Redraw(화면 정리)

(1) 명령어

① Keyboard : Regen
② Alias : R

(2) 사용 방법

① Redraw [: (or R)] : Erase, Move, Copy 등으로 화면이 지저분하게 된 경우, 깨끗하게 정리해 준다.
② Regen : 데이터베이스의 내용을 재검사하여 도면을 다시 보여 준다.

5. 연습

좌표와 방향성 이해 그리고 선 긋기와 객체선택 이용능력 등을 학습하기 위한 연습으로, 다양한 방법이 있지만 가장 합리적인 방법으로 작도하는 연습을 기른다.

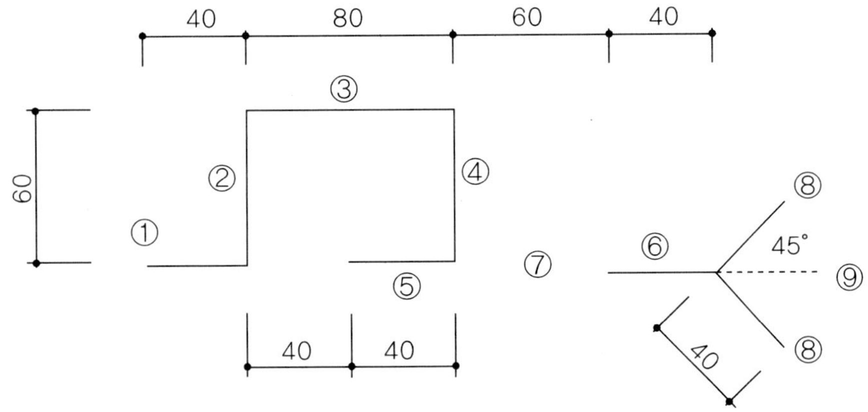

■작도방법

(1) 선긋기 : Line↵ → Drawing Area에 임의의 위치에 클릭 → ①(@40,0)↵ → ②(@0,60)↵ → ③(@80,0)↵ → ④(@0,-60)↵ → ⑤(@-40,0)↵

(2) Osnap(원하는 점을 정확히 찾을 수 있도록 지원) 사용 선⑦ 잇기

① 방법1 (Menu Bar) : tools → object snap settings → Running Osnap 또는 Auto Snap
② 방법2 (단축키) : shift+마우스의 右클릿(한번 사용할 때 선택) → osnap settings(많이 사용할 때에 선택)

Endpoint(끝점) Midpoint(중간점)
Center(중심점) Intersection(교차점)
Perpendicular(수직점) Quadrant(사분점)
Nearest(근처점)등

(3) 소정의 위치에서의 선긋기(선⑥ 긋기)

Line↵ → 선⑤의 끝점을 클릭 → shift+마우스의 右클릿 → from 클릭 → ⑦(@60,0)↵ → ⑥(@40,0)↵

(4) 소정의 각도로 선⑧ 긋기

Line↵ → 선⑥의 우측끝점을 클릭 →(@40<45)↵

6. 연습

각을 이루는 소정의 길이의 선분 긋기, 그리고 x, y 방향 익히기에 초점을 두어 학습한다.

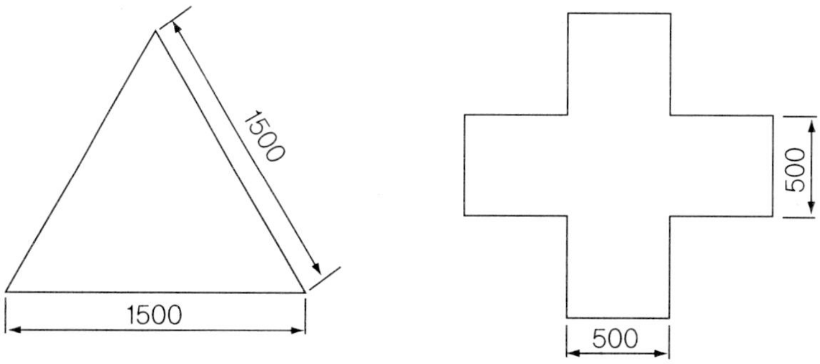

10. Arc [단축키–A,(호)]

(1) 명령어

① Toolbar : Draw 2D > Arc : 선택
② Menu : 그리기(D) > 호(A)
③ Keyboard : Arc
④ Alias : A

(2) 사용 방법

① 명령 : arc(or A)
② 호의 시작점 또는 [중심(C)] 지정 : 임의 Drawing area(p1) 클릭
③ 호의 두 번째 점 또는 [중심(C)/끝(E)] 지정 : 소정의 길이(p2) 클릭

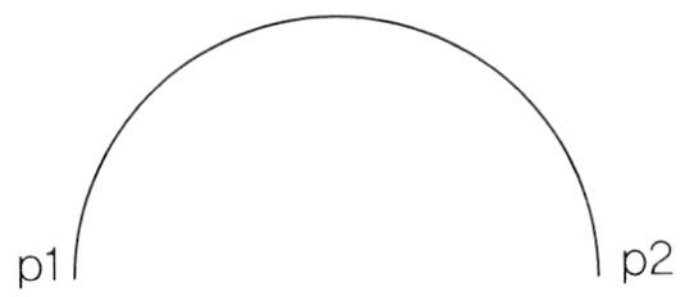

(3) 추가 명령어

3-Point	호의 3 점을 지정
Center-Start-End	호의 중심, 시작, 끝 순으로 지정
Start-Center-End	시작, 중심, 끝 순으로 지정
Start-End-Center	시작, 끝, 중심
Tangent Arc	직전에 그린 선이나 호에 연속된 호를 그린다.
Center-Start-Angle	호의 중심, 시작, 각도(내부) 순으로 지정
Start-Center-Angle	시작, 중심, 각도
Start-Angle-Center	시작, 각도, 중심
Start-End-Angle	시작, 끝, 각도
Start-Angle-End	시작, 각도, 끝
Center-Start-Length	호의 중심, 시작, 현의 길이 순으로 지정
Center-Direction-End	호의 중심, 방향, 끝 순으로 지정
Start-End-Direction	시작, 끝, 방향
Start-Radius-End	호의 중심, 반지름, 끝
Start-End-Radius	시작, 끝, 반지름
Start-Radius-Angle	시작, 반지름, 각도
Enter to use last point	마지막에 지정된 점에서 연속된 호를 그린다.

7. 연습

■ 작도방법

호 [Arc(단축키-A) 명령어]

※ 호를 그릴 때는 특정한 값을 기입하지 않는 한 반시계 방향으로 그려진다.

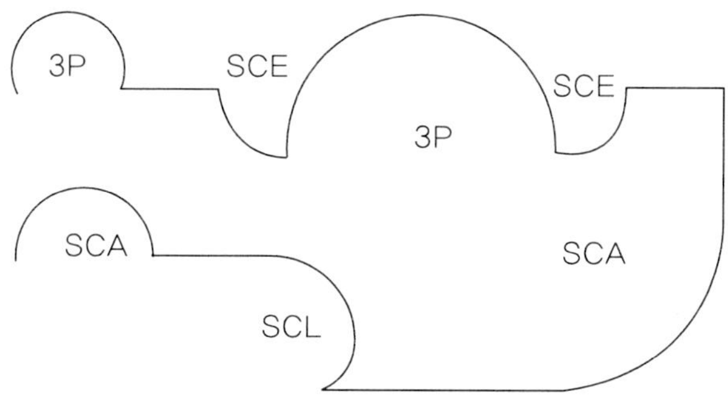

① 3P - 호를 지나는 3점을 클릭해서 그린다.
② S,C,E - 시작점, 중심점, 끝점으로 호를 그린다.
③ S,C,A - 시작점, 중심점, 내각으로 호를 그린다.
④ S,C,L - 시작점, 중심점, 현의 길이로 호를 그린다.
⑤ S,E,R - 시작점, 끝점, 반지름으로 호를 그린다.
⑥ S,E,A - 시작점, 끝점, 내각으로 호를 그린다. 등등....

11. Ellipse [단축키–EL,(타원 그리기)]

(1) 명령어

① Toolbar : Draw 2D > Ellipse : 선택
② Menu : 그리기(D) → 타원(E)
③ Keyboard : Ellipse
④ Alias : EL

(2) 사용방법

① Ellipse [: (or El)] ↵
② Arc/Center/<First end of ellipse axis> : P1 첫 번째 축 지정, 추가 명령어
③ Second end of axis : P2 축의 두 번째 점 지정
④ Rotation/ <other axis> : P3 세 번째 축 지정 또는 추가명령어

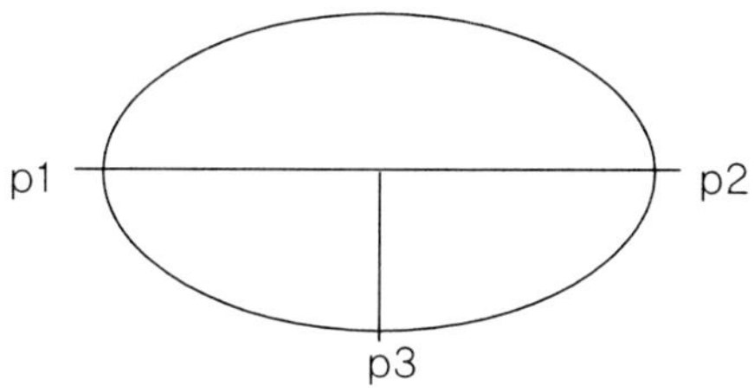

(3) 추가 명령어

Ellipse Axis–Axis	장축과 단축에 의한 타원 그리기
Ellipse Axis–Rotation	장축과 각도에 의한 타원 그리기
Ellipse Center–Axis	중심점을 기준으로 타원 그리기
Ellipse Center–Rotation	중심점과 각도에 의한 타원 그리기

8. 연습

① 세 점을 이용한 타원 그리기	② 장축과 각도를 이용한 타원 그리기	③ 중심점과 두 축을 이용한 타원 그리기
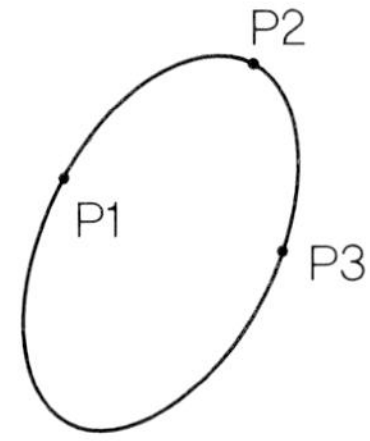	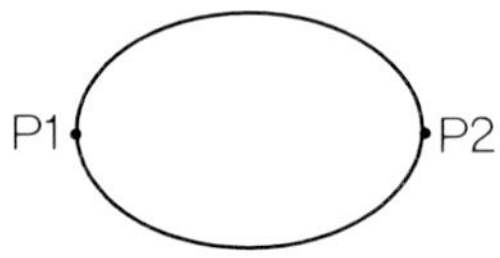	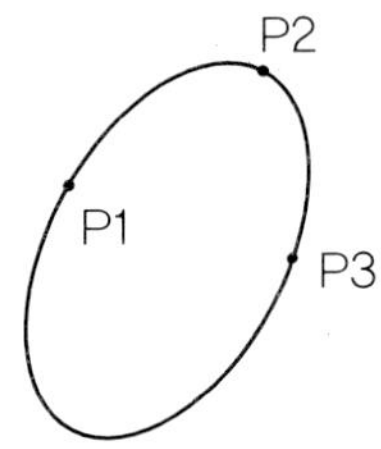

12. Point [단축키–PO,(점)]

(1) 명령어

① Keyboard : POINT or [PO]
② Toolbar : Draw 2D > Point( ) : [symbol] 선택
③ Menu : 형식 → 점(Point) 스타일

(2) 사용방법

POINT ↵ → 임의 Drawing area 클릭

(3) 추가 명령어

Menu(형식) → 점(Point) 스타일 → 대화상자가 나타나며 선택

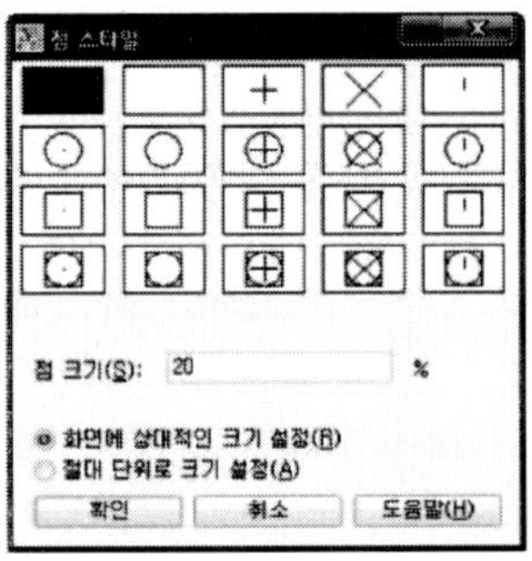

Chapter 03

편집 명령어 종류와 활용방법

주요 편집 명령어

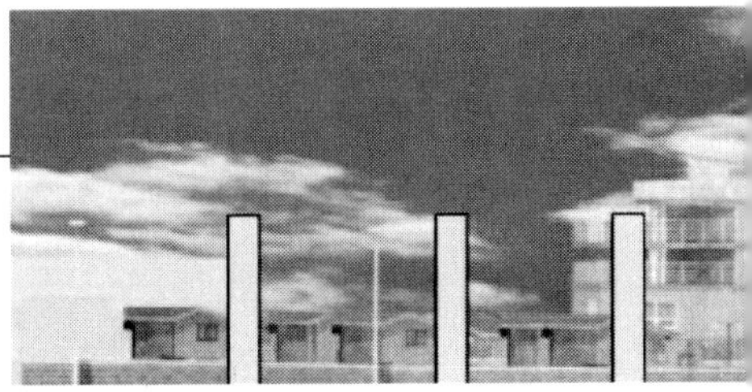

본 단락에서 학습할 명령어는 주로 편집 명령어의 기능으로, 신속함과 정확성뿐만 아니라 도면작도에 있어 많이 사용되므로 명령어 활용능력 향상이 매우 중요하다. 앞 단락의 기초 명령어로도 충분히 작도할 수 있는 도형이지만, 본 단락에서 소개되는 명령어를 활용하게 되면 신속하고 정확성이 높아지므로 적재적소 적용 및 활용할 수 있는 능력이 필요하다.

Lesson 01 도형 편집 명령어

1. Copy [단축키–CP,(복사)]

(1) 명령어

① Toolbar : 수정(Modify) →　　② Menu : 수정(Modify) → 복사(Y)

③ Keyboard : Copy　　④ Alias : CP

(2) 사용 방법

① 명령 : _copy(or cp) ↵
② 객체 선택 : 복사 대상을 선택(p1) ↵
현재 설정 : 복사 모드 = 다중(M)
③ 기본점 지정 또는 [변위(D)/모드(O)] <변위(D)> : 두 번째 점 지정 또는 <첫 번째 점을 변위로 사용> : 선택한 대상의 중심점을 선택(p2)

※ Copy 명령어를 실행하게 되면 자동적으로 다중(M)의 기능이 포함되어, 한 번의 복사로 여러 개의 객체로 복사 이동할 수가 있다.

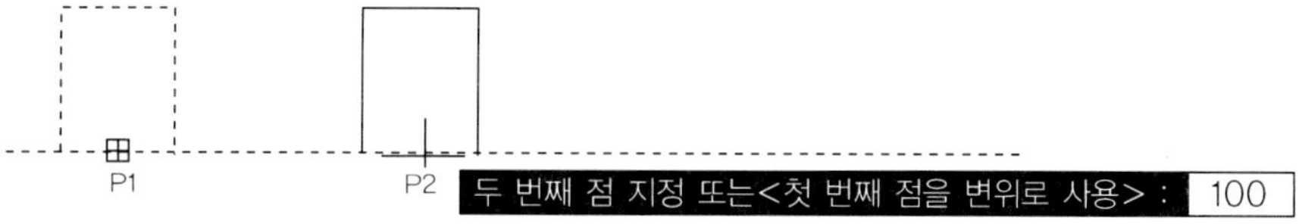

2. Move [단축키-M,(이동)]

(1) 명령어

① Toolbar : 수정 >　　② Menu : 수정(Modify) → 이동(V)
③ Keyboard : Move　　④ Alias : M

(2) 사용 방법

① 명령 : _copy(or cp) ↵
② 객체 선택 : 복사 대상을 선택(p1) ↵
현재 설정 : 복사 모드 = 다중(M)
③ 기본점 지정 또는 [변위(D)/모드(O)] <변위(D)> : 두 번째 점 지정 또는 <첫 번째 점을 변위로 사용> : 선택한 대상의 중심점을 선택(p2)

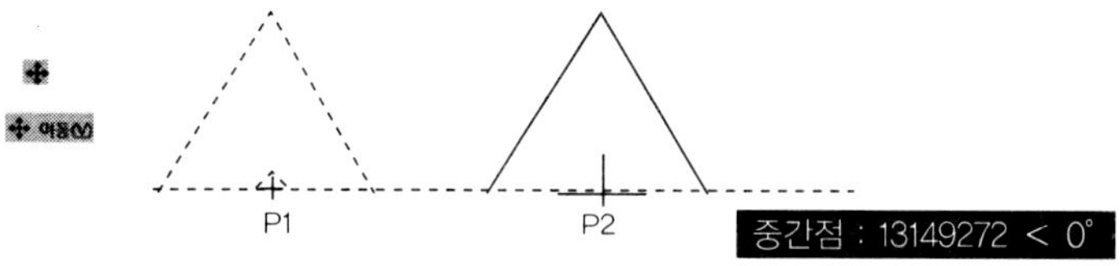

3. Rotate [단축키-Ro, (회전)]

선택한 요소를 소정의 각도로 회전시키는 기능으로 CAD상에서의 방향은 시계방향이(-), 반시계방향이(+) 임을 주의해야 한다.

(Rotate ↵ → 대상물을 선택 ↵ → 회전 기준점 클릭 → 회전각도 입력(90) ↵)

(1) 명령어

① Toolbar : 수정 > 회전 :　　　　② Menu : 수정(Modify) → 회전(R)
③ Keyboard : Rotate　　　　④ Alias : Ro

(2) 사용방법

① 명령 : rotate
② 현재 UCS에서 양의 각도 : 측정 방향=시계 반대 방향 기준 방향=0
③ 객체 선택 : 1개를 찾음 ↵
④ 기준점 지정 : 회전 할 대상의 기준점 클릭
⑤ 회전각도 지정 또는 [복사(C)/참조(R)] <0> : 45

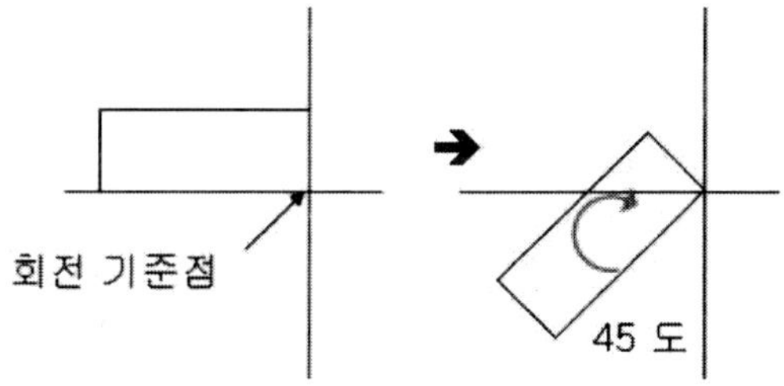

4. Mirror [단축키–Mi,(대칭 이동복사)]

(1) 명령어

① Toolbar : 수정 > 대칭 :　　　　② Menu : 수정(Modify) → 대칭(I)
③ Keyboard : Mirror　　　　④ Alias : Mi

(2) 사용 방법

① 명령 : mirror
② 객체 선택 : 대칭복사 대상도형을 클릭(p1)
③ 객체 선택 : 대칭선의 첫 번째 점 지정(p2) → 대칭선의 두 번째 점 지정(p3)
④ 원본 객체를 지우시겠습니까↵ [예(Y)/아니오(N)] <N> : n

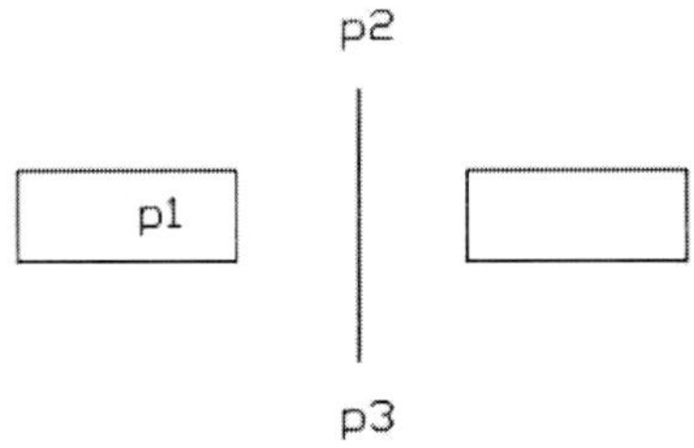

5. Array [단축키–Ar,(배열)]

개체를 배열하는 방법으로 사각형, 원형 배열방식이 있다. 간단한 설명으로, Array ↵ → 대상물을 선택 ↵ → Rectangular(R,직사각형), Polar(P,원형) 선택→ 행수입력 ↵ → 열수입력 ↵ → 간격입력 ↵의 순서이며, 가구배치 등에서 사용한다.

(1) 명령어

① Toolbar : 수정 > 배열 :

② Menu : 수정(Modify) → 배열(A)...

③ Keyboard : Array

④ Alias : Ar

(2) 사용 방법

• 4각형 배열(Rectangular Array) : 아래 그림의 우측의 예시와 같이 사각형으로 배열되는 방식이다.

① 명령 : array ↵ → ② 배열 윈도우창 오픈

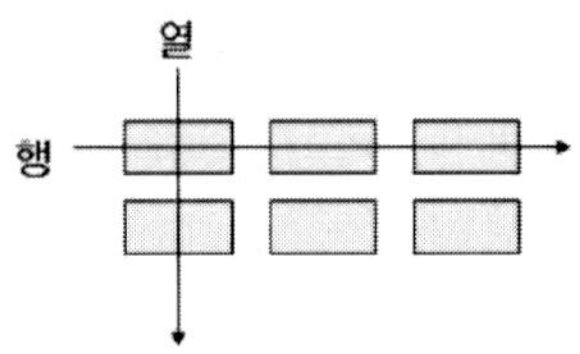

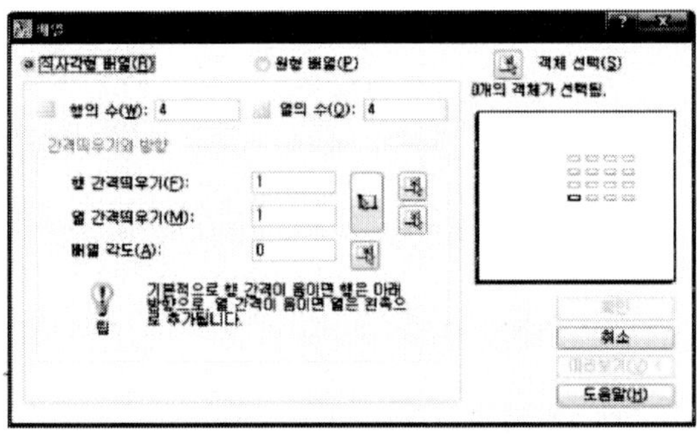

③ 세로 방향 배열 수 → 가로 방향 배열 수 → 윈도우창 우측 객체선택 클릭

④ 배열 대상 도형 클릭 → 마우스 우 클릭

⑤ 배열 윈도우창에서 미리보기 확인 → 승인 또는 수정

• **원형 배열**(Polar Array)

① 명령 : array ↵ → ② 배열 윈도우창 오픈

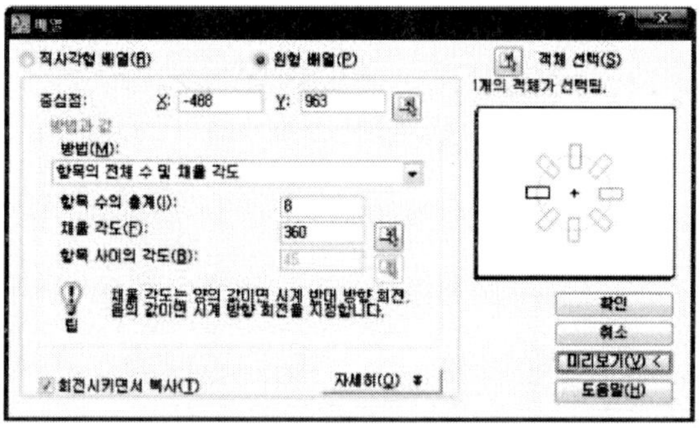

③ 항목 수의 총계 → 채울 각도 → 윈도우창 우측 객체선택 클릭

④ 배열 대상 도형 클릭 → 마우스 우 클릭

⑤ 배열 윈도우창에서 미리보기 확인 → 승인 또는 수정

1. 연습

아래의 과제를 그리는 방법은 많은 방법이 있지만, CAD 활용의 이점인 신속, 정확한 도형작도를 위한 명령어 선택이 아주 중요하며, 그런 센스(Sense)를 갖기 위한 반복 학습이 절대적으로 필요하다.

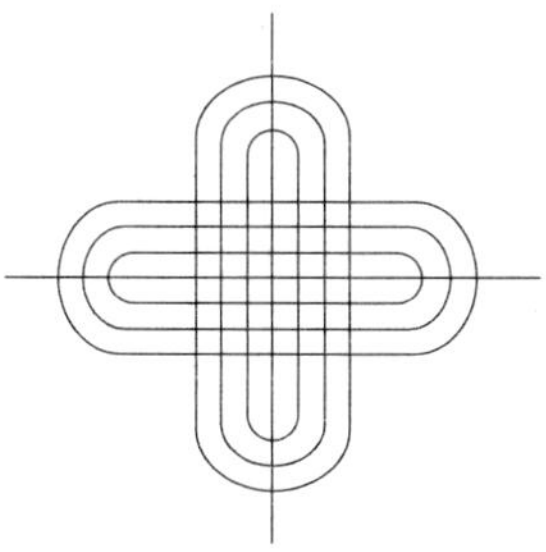

■ 작도방법

① 임의 기준선 작도　　② 기준선을 소정의 폭으로 offset

③ 원 또는 Arc 작도　　④ 소정의 폭으로 선과 Arc를 offset

⑤ Mirror하여 하나를 완성하여 복사하고 Rotate하여 정리한다.

Lesson 02 선분 편집 명령어

1. Stretch [단축키–S,(신축)]

(1) 명령어

① Toolbar : 수정 > 신축 :
② Menu : 수정(Modify) → 신축(H)
③ Keyboard : Stretch
④ Alias : S

(2) 사용 방법

① 명령 : stretch(or S)
② 걸침 윈도우 또는 걸침 다각형만큼 신축할 객체 선택
③ 기준점 지정 또는 [변위(D)] <변위> : 늘리는 도형의 한 선분을 클릭 두 번째 점 지정 또는 <첫 번째 점을 변위로 사용> : 늘리는 방향으로 드래그

대상도형을 윈도우 선택	늘리는 방향으로 드래그(또는 치수 기입)
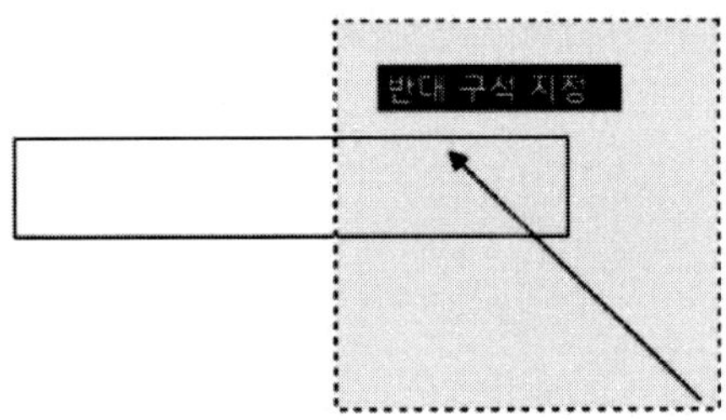	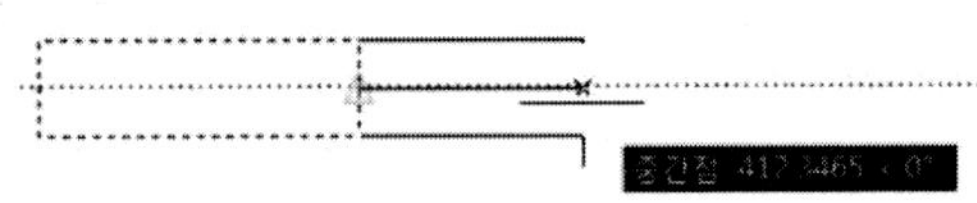

2. Divide [단축키-Div,(분할)]

선분을 분할할 때 사용하며 먼저 분할 표시 방법(ddptype)부터 설정하고 Divide 명령어를 적용하여 분할하게 된다.

(1) 명령어

① 먼저 확인 및 설정 명령어 : Ddptype
② Keyboard : Divide or [Div]

(2) 사용

(ddptype ↵ → 선택(OK) → Divide ↵ → 대상선택 → 분할 數 입력 ↵ → 분할한곳에 선으로 표시 → ddptype ↵ → 공백선택(OK) → Regen ↵)

(3) 분할 표시를 위한 점 스타일 설정

① 명령 : ddptype ↵ → 점 스타일 윈도우창 오픈

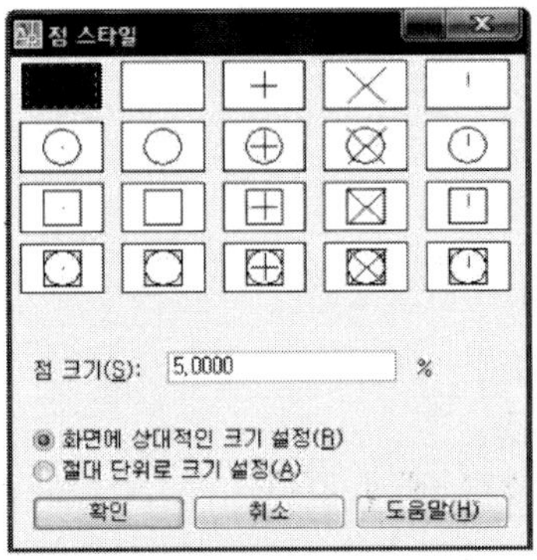

(4) 분할 표시를 위한 점 스타일 설정

① 명령 : Divide
② 등분할 객체 선택 : 분할 대상 선분 선택(P1)
③ 세그먼트의 개수 입력 또는 [블록(B)] : 5 ↵

3. Extend [단축키–EX(선 연장)]

작도된 선분을 연장하고자 할 경우에 사용한다.(원호나 타원도 가능)

(1) 명령어

① Toolbar : 수정(Modify) > Extend :
② Menu : 수정(Modify) > 연장(D)
③ Keyboard : Extend
④ Alias : EX

(2) 사용 방법

① 명령 : _extend(또는 ex) ↵
② 객체 선택 또는 <모두 선택> : 선을 연장하고자하는 목표지점의 선 선택(p1)
③ 객체 선택 : (p2) 클릭

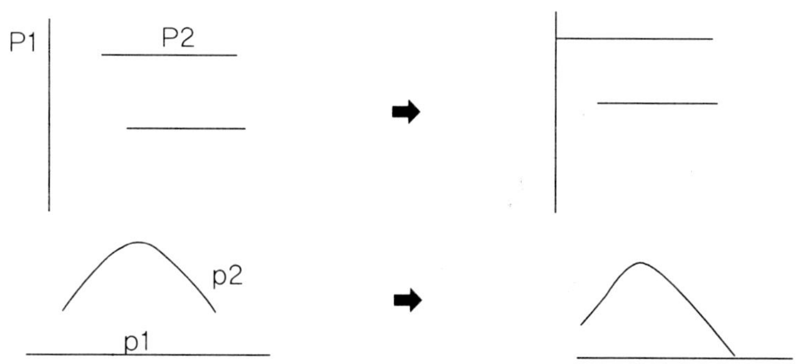

4. Offset [단축키–O,(간격 띄우기)]

지정한 간격만큼 요소를 평행 이동시켜 복사함.(원호나 타원도 가능)

(1) 명령어

① Toolbar : 수정(Modify) > Parallel : [symbol]
② Menu : 수정(Modify) > 간격띄우기(S)
③ Keyboard : Offset
④ Alias : O

(2) 사용방법

① 명령 : offset(또는 o) ↵
② 간격띄우기 거리 지정 또는 [통과점(T)/지우기(E)/도면층(L)] <413.5164> : ↵
③ 간격 띄우기 할 객체 선택 또는 [종료(E)/명령취소(U)] <종료> : (p1) 클릭
④ 간격 띄우기 할 면의 점 지정 또는 [종료(E)/다중(M)/명령취소(U)] <종료> : (p2) 클릭

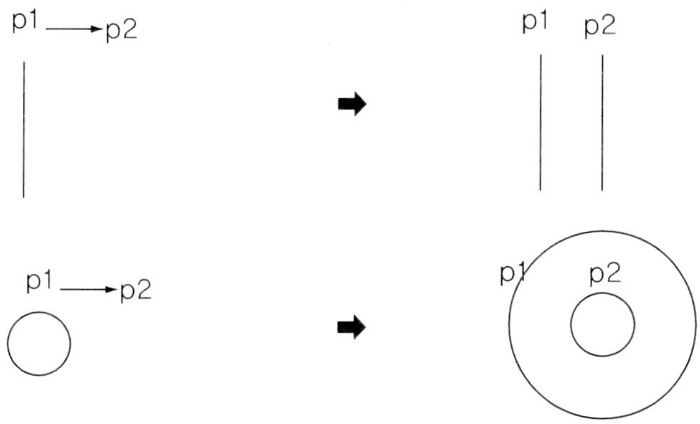

5. Lengthen [단축키–Len, (길이 조절)]

요소의 길이나 호의 사이 각을 조절.(닫힌 요소는 안 됨)

(1) 명령어

① Menu : 수정(Modify) > 길이조정(G)
② Keyboard : Lengthen
③ Alias : Len

(2) 사용 방법

① 명령 : lengthen
② 객체 선택 또는 [증분(DE)/퍼센트(P)/합계(T)/동적(DY)] : (p1) 선택 → 현재 길이 : 150
③ 객체 선택 또는 [증분(DE)/퍼센트(P)/합계(T)/동적(DY)] : de
④ 증분 길이 입력 또는 [각도(A)] <500.0000> : 100
⑤ 변경할 객체 선택 또는 [명령 취소(U)] : (p2) 클릭

6. Trim [단축키–Tr, (선 자르기)]

기준선을 중심으로 선을 자를 때 사용(원이나 원호도 가능).
(Trim ↵ → 자르는 선 쪽의 선을 클릭 ↵ → 자르는 선 클릭)

(1) 명령어

① Toolbar : 수정(Modify) > Trim :
② Menu : 수정(Modify) > 자르기(T)
③ Keyboard : Trim
④ Alias : Tr

(2) 사용 방법

① 명령 : TRIM(또는 TR) ↵
② 절단 모서리 선택 또는 <모두 선택> : 절단기준선 선택(p1) 또는 모두선택 또는(P1과 p3) 선택
③ 객체 선택 : 자를 객체 선택(p2) 또는(p4) 또는 추가 명령어
(울타리(F)/걸치기(C)/프로젝트(P)/모서리(E)/지우기(R)/명령취소(U)])

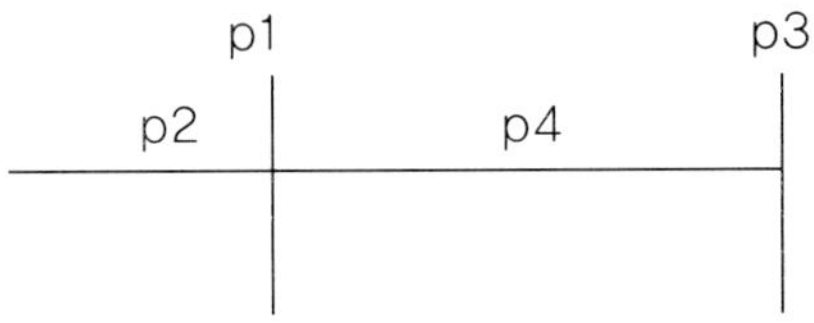

(3) 추가 명령어

① Edge mode : 서로 교차되는 요소만을 절단할 것인지를 결정
연장(E) : 3차원 공간 : 연장 안함(N) :
② Fence : 자르고자 하는 대상을 다각형으로 형성하여 자름
③ Projection Dynamic : 도면요소를 자를 때 사용하는 투영모드 결정

7. Break [단축키–Br,(끊기)]

선분을 소정의 길이로 자를 경우 사용하며 사용빈도가 적다.

(1) 명령어

① Toolbar : 수정(Modify) > 끊기 :

② Menu : 수정(Modify) > 끊기(K)

③ Keyboard : Break

④ Alias : Br

(2) 사용 방법

① break [: (or br)]
② Select entity to break : 자를 대상의 선택(p1)
③ First break point/<Second break point> : 자를 객체 선택(p2)

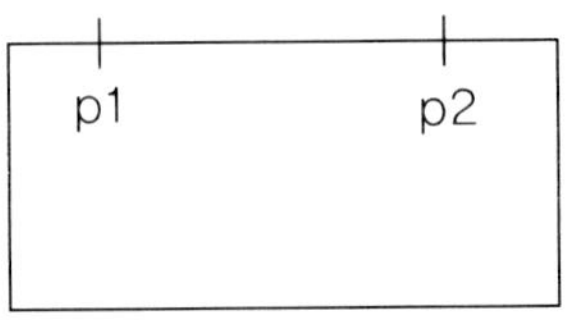

8. Fillet [단축키–F,(원형 모따기)]

모서리 부분에 원형으로 모따기 하는 기능으로 주로 가구 만들기에 많이 사용된다.

(1) 명령어

① Toolbar : 수정(Modify) > 모깎기(Fillet) :

② Menu : Modify > 모깎기(F)

③ Keyboard : filet

④ Alias : f

(2) 사용방법

Fillet ↵ → Radius(R)(길이를 입력 할 경우) ↵ → 길이 입력 ↵ → ↵ → 1번 선, 2번 선 선택
※ Polyline(Pline의 선일 경우)

① 명령 : fillet(or f) ↵ 현재 설정 값 : 모드 = TRIM, 반지름 = 0.0000
② 첫 번째 객체 선택 또는 [명령취소(U)/폴리선(P)/반지름(R)/자르기(T)/다중(M)] : 반지름 R을 선택
③ 모깎기 반지름 지정 <0.0000> : 50
④ 첫 번째 객체 선택 또는 [명령취소(U)/폴리선(P)/반지름(R)/자르기(T)/다중(M)] : (p1) 클릭
⑤ 두 번째 객체 선택 또는 Shift 키를 누른 채 선택하여 구석 적용 : (p2) 클릭

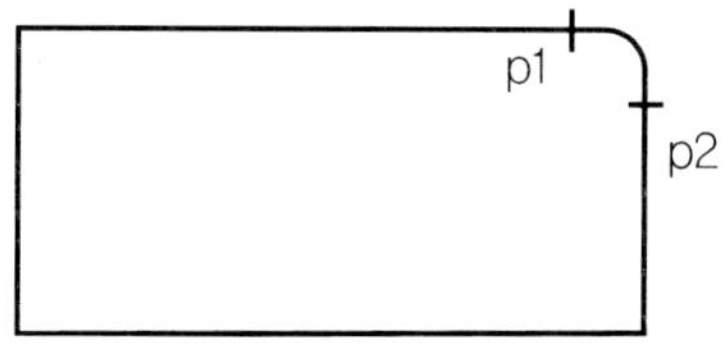

9. Chamfer(직선 모따기)

라운딩과 다르게 직선으로 잘라냄. ※ Distance(D)를 0으로 하면, Fillet와 같은 기능으로 된다.

(1) 명령어

① Toolbar : 수정(Modify) > 모따기(Chamfer) :
② Menu : 수정(Modify) > 모따기(C)
③ Keyboard : Chamfer
④ Alias : Cha

(2) 사용 방법

Chamfer ↵ → Distance(D) ↵ → 1번 선의 모따기 길이 입력 ↵ → 2번 선의 모따기 길이 입력 ↵ → ↵ → 1번 선 클릭 → 2번선 클릭

① 명령 : Chamfer(or CHA) ↵ (TRIM 모드) 현재 모따기 거리1 = 0.0000, 거리2 = 0.0000
② 첫 번째 선 선택 또는 [명령취소(U)/폴리선(P)/거리(D)/각도(A)/자르기(T)/메서드(E)/다중(M)] : d 첫 번째 모따기 거리 지정
③ <0.0000> : 100 두 번째 모따기 거리 지정 <100.0000> : 첫 번째 선(p1) 클릭 또는 [명령취소(U)/폴리선(P)/거리(D)/각도(A)/자르기(T)/메서드(E)/다중(M)] :
④ 두 번째 선(p2) 클릭 또는 Shift 키를 누른 채 선택하여 구석 적용 :

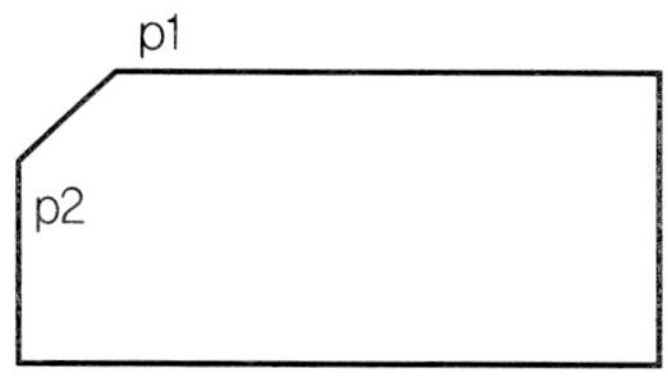

1. 연습

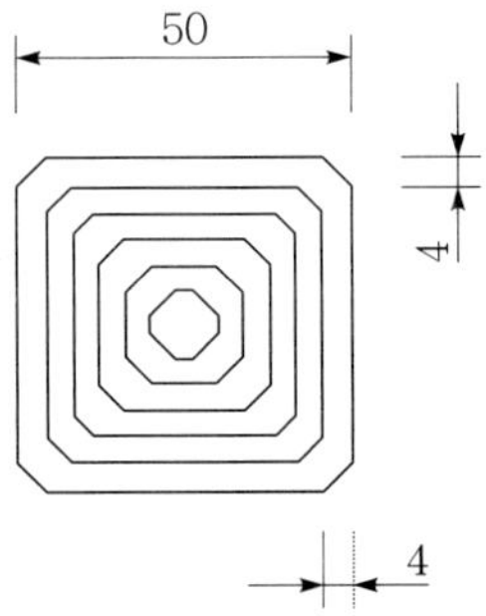

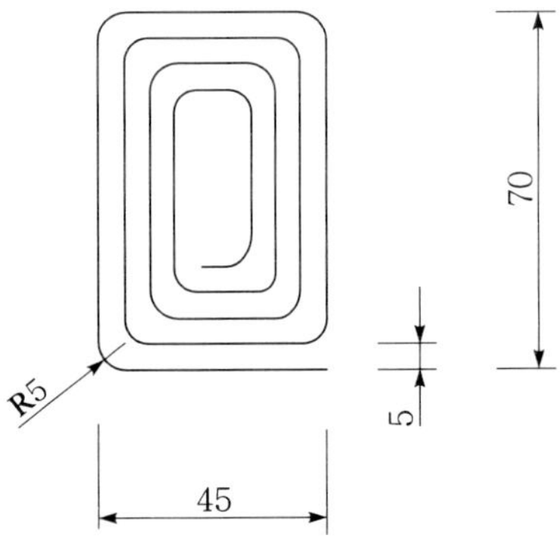

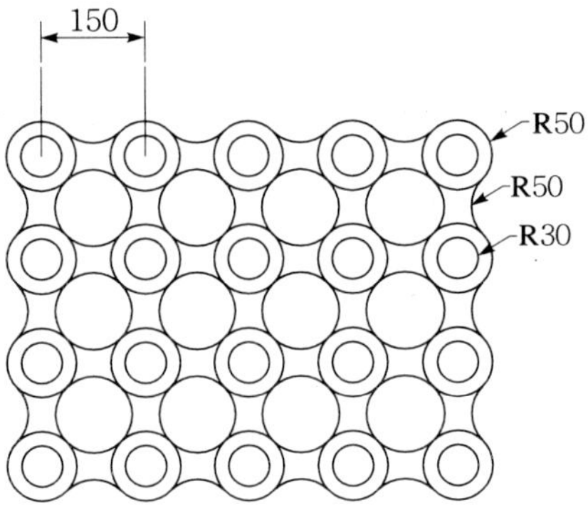

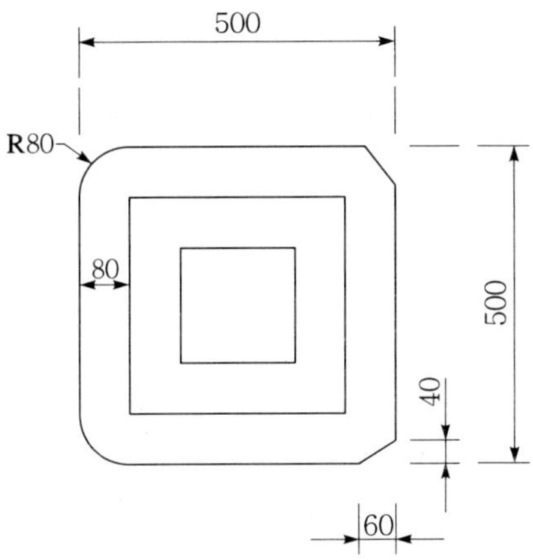

2. 연습

소파 만들기를 하면서 반복학습 및 효율적인 명령어 선택 그리고 신속하고 정확하게 작도하는 방법 등을 고려한 연습이 필요하다. 그리고 평면작도 때 블록으로 활용할 수 있도록 저장하여 둔다.

소파1

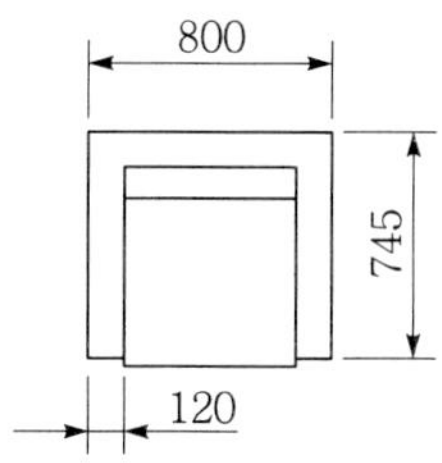

소파2

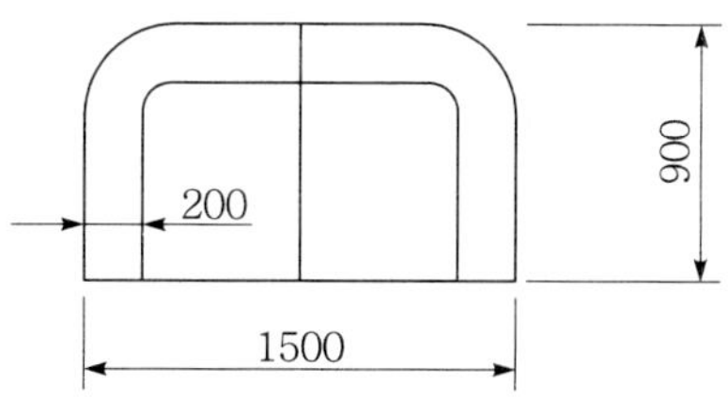

소파3

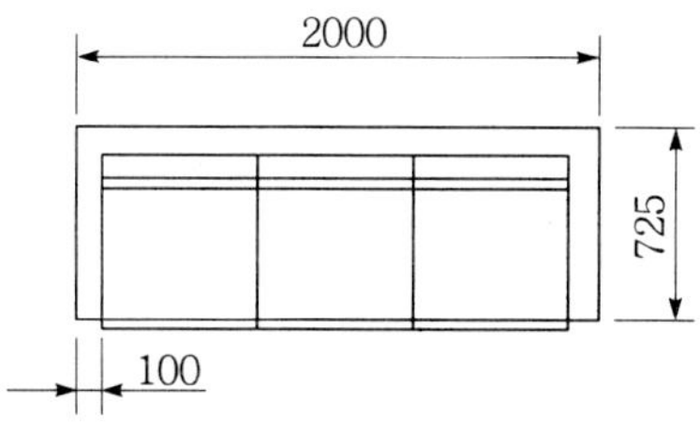

소파4

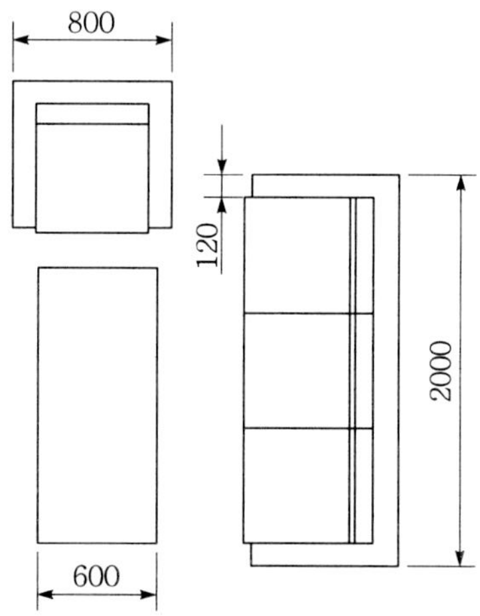

3. 연습

반복학습을 통한 명령어를 익히고 적재적소 효율적으로 명령어를 적용하는 방법 등으로 신속하고 정확한 도형작도를 목표로 연습한다.

테이블 1	테이블 2
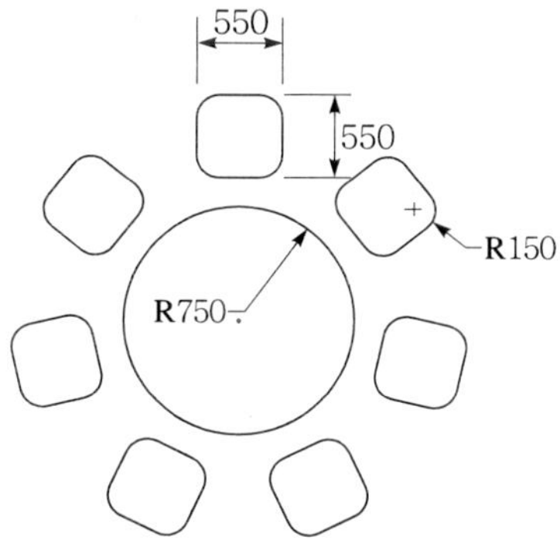	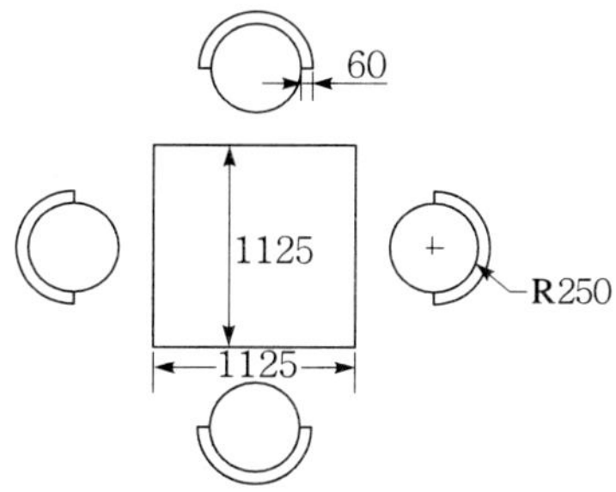
식탁	**책상**
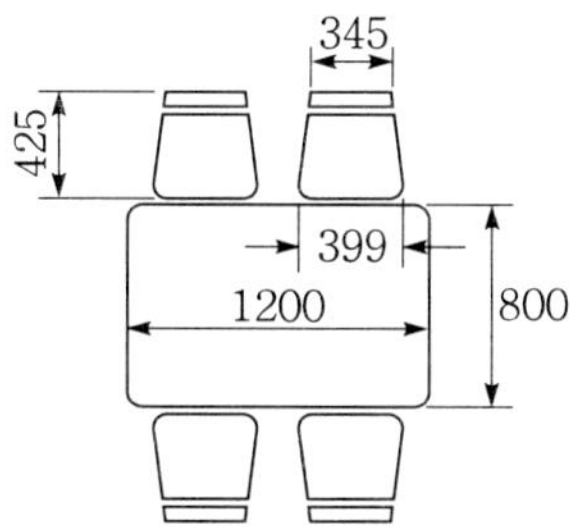	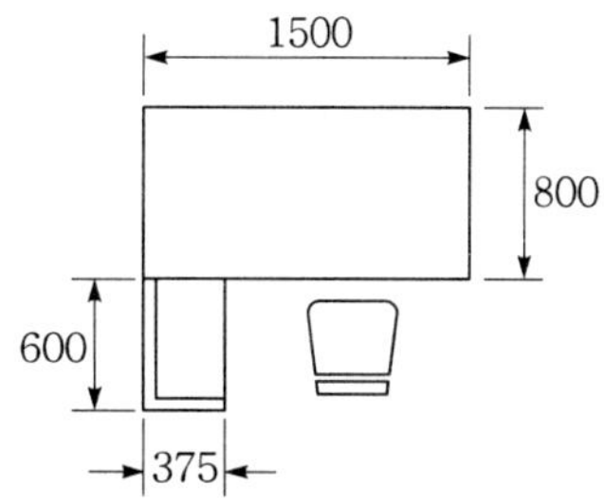

4. 연습

평면에 Insert시킬 가구를 작도하면서 명령어 숙달과 효율적인 작도방법 등을 익히며, 가급적 균형적인 도형의 형태에 초점을 두어 예쁘게 작도하려는 노력이 필요하다.

변기

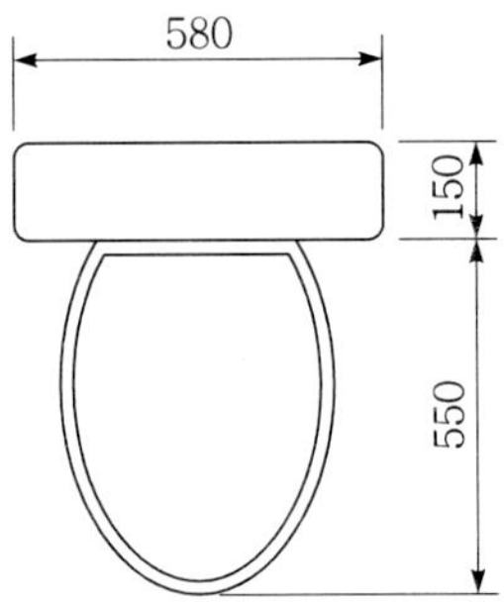

세면기

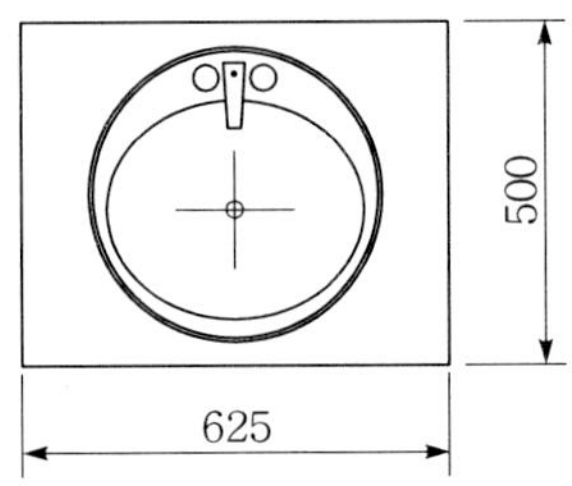

욕조

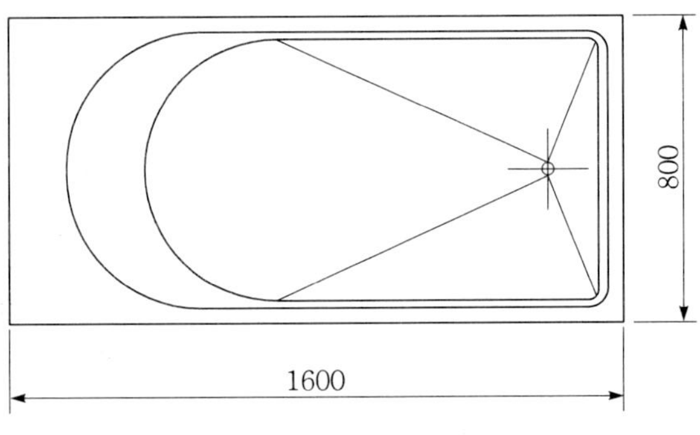

Chapter 04

속성이 하나인 단일선 작도

연속선 작도

Lesson 01 폴리선 작도 명령어

1. Poly line [단축키–PL, (연속선)]

여러 요소들이 서로 연결된 하나의 객체로서 이루어져 있으며, 선의 폭이 넓은 요소를 그리거나 또는 연속적으로 이어진 직선 및 호를 단일 요소의 속성으로 하는 도면 요소를 그리는데 사용된다. 그리고 2D 도면 작업에서 3D 요소의 모델링(Modeling)을 하고자 할 때 하나의 속성과 단일 선으로 작도할 때 사용하는 명령어이다.

(1) 명령어

① Keyboard : Polyline [PL, Pline]
② Menu : 그리기 > 폴리선(P)

(2) 사용방법

① 명령 : Pline(혹은 pl)
② 시작점 지정 : 현재의 선폭은 0.0000임
③ 다음 점 지정 또는 [호(A)/반폭(H)/길이(L)/명령 취소(U)/폭(W)] :

※ 시작점에서 끝 부분에 걸쳐서 선의 굵기를 달리 할 경우
Polyline ↵ → Width ↵ → 시작점 선의 굵기(p1) : 50 ↵ → 끝점 선의 굵기(p2) : 100 ↵ → 마지막 점을 클릭 ↵

2. Polygon [단축키–POL(다각형)]

하나의 선으로 다면체의 도형을 작도할 수 있는 명령어이며, 원(Circle)을 기본 도형으로 원에 내접(Inscribed in Circle)하거나 외접(Circumscribed in Circle)하게 그려진다. 그러므로 다각형의 크기는 원의 반지름에 의해서 정해진다.

(1) 명령어

① Keyboard : Polygon(Pol)
② Menu : 그리기 > 다각형(Y)

(2) 사용방법

① 방법1 : 원의 중심과 내접방법

① 명령어 : Polygon [: (or Pol] ↵
② POLYGON 면의 수 입력 <5> : 5 ↵
③ 다각형의 중심을 지정 또는 [모서리(E)] : p1 클릭
④ 옵션을 입력 [원에 내접(I)/원에 외접(C)] <I> : I ↵
⑤ 원의 반지름 지정 : p2 클릭

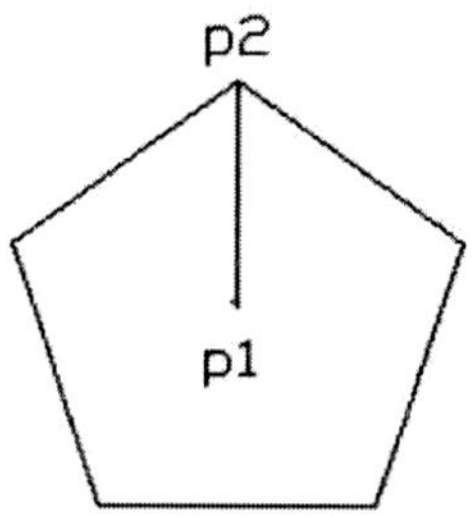

② 방법2 : 모서리 길이에 의한 방법

① 명령어 : Polygon [: (or Pol] ↵
② POLYGON 면의 수 입력 <5> : 5 ↵
③ 다각형의 중심을 지정 또는 [모서리(E)] : e
④ 모서리의 첫 번째 끝점 지정 : p1 클릭
⑤ 모서리의 두 번째 끝점 지정 : p2 클릭

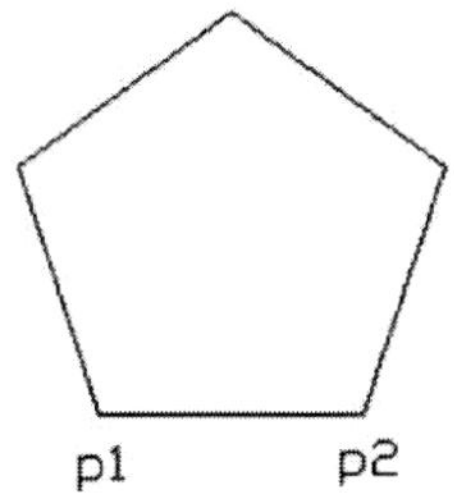

3. Donut [단축키–Do, (도넛)]

(1) 명령어

① Keyboard : Donut(Do)
② Menu : 그리기(D) > 도넛(D)

(2) 사용방법

① 명령 : donut
② 도넛의 내부 지름 지정 <0.5000> : 50
③ 도넛의 외부 지름 지정 <1.0000> : 100
④ 소정의 위치에 클릭

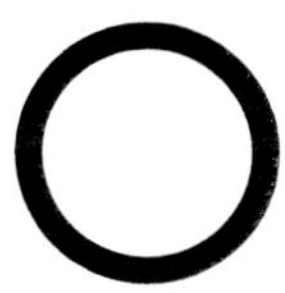

4. Mline [단축키–ML,(다중선)]

다중평행선을 그릴 때 사용하며 다양한 다중선을 미리 만들어서 옵션으로 사용하면 작업에 있어 편리하다.

(1) 명령어

① Keyboard : Mline(ML)
② Menu : 그리기(D) > 여러 줄(U)

(2) 사용방법

① Mline↲ → Justification↲ → 시작점 지정 또는 [자리맞추기(J)/축척(S)/스타일(ST)] : j↲ → 자리맞추기 유형 입력 [맨 위(T)/0(Z)/맨 아래(B)] <맨 위> : 선택↲ → Scale↲ → 이중선 폭 입력↲

※ Format → Multiline Style에서 새로운 이중선 작성 가능

맨 위(T) : 다중선의 위치가 위쪽을 기준으로 아래에 그려진다.	 맨 위(T)
0(Z) : 다중선의 중앙을 기준으로 위 ↲ 아래에 그려진다.	 0(Z)
맨 아래(B) : 다중선의 아래를 기준으로 위에 그려진다.	 맨 아래(B)

- 축척(S) : 다중선의 폭 크기 조절

② Mledit(이중선 편집) ↲ → 대화상자에서 선택 OK → p1, p2, p3 클릭

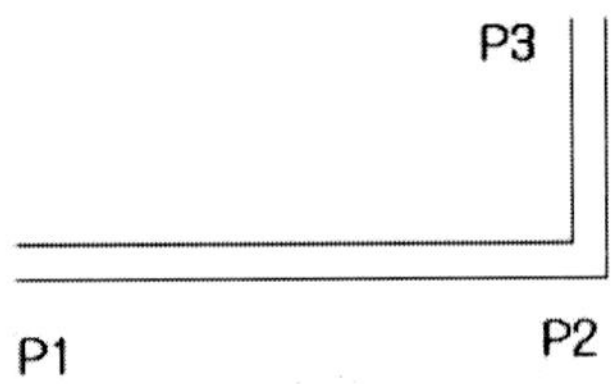

5. Mlstyle [다중선 유형]

사용자가 다양한 속성의 다중선을 설정 및 수정할 수 있으며, 또한 옵션으로 저장하여 활용할 수가 있는 편리성이 있다.

(1) 명령어

① Keyboard : Mlstyle
② Menu : 형식(O) > 여러 줄 스타일(U)

(2) 다중선 만들기 : 명령 : Mlstyle ↵

여러 줄 스타일 윈도우 창이 열리며 여러 줄 스타일 형태의 이름들, 그리고 파일에서 불러오기 또는 사용자가 설정하고 저장, 추가 및 이름 바꾸기 등의 기능들이 있다.

① 명령 : Mlstyle ↵ → 여러 줄 스타일 오픈	② 신규(N) 클릭 → 이름 입력 → 계속 클릭
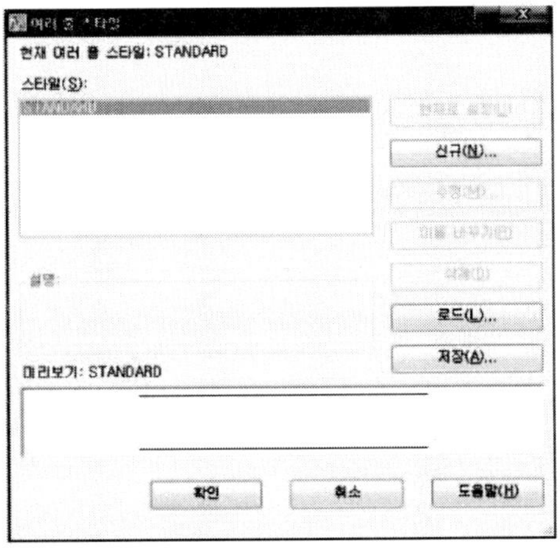	

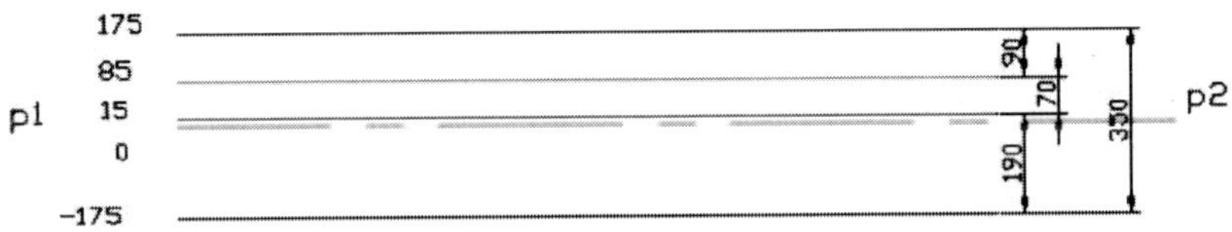

벽두께 350+공간쌓기(단열) 벽선계획

③ 여러 줄 스타일 설정

마개(시작, 끝)

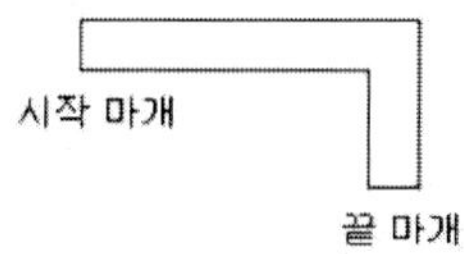

(2) 다중선 작도

① 중심선 p1, p2 작도
② 명령 : MLINE
③ 현재 설정값 : 자리맞추기 = 0, 축척 = 1.00, 스타일 = standard
시작점 지정 또는 [자리맞추기(J)/축척(S)/스타일(ST)] : st
여러 줄 스타일 이름 입력 또는 [↵] : 350(다중선스타일에서 만든 선 이름)
④ 현재 설정값 : 자리맞추기 = 0, 축척 = 1.00, 스타일 = 350
시작점 지정 또는 [자리맞추기(J)/축척(S)/스타일(ST)] : j
자리맞추기 유형 입력 [맨 위(T)/0(Z)/맨 아래(B)] <0> : z(중심선 0의 위치)
⑤ 현재 설정값 : 자리맞추기 = 0, 축척 = 1.00, 스타일 = 350
시작점 지정 또는 [자리맞추기(J)/축척(S)/스타일(ST)] : s
여러 줄 축척 입력 <1.00> : 1
⑥ 현재 설정값 : 자리맞추기 = 0, 축척 = 1.00, 스타일 = 350
시작점 지정 또는 [자리맞추기(J)/축척(S)/스타일(ST)] : 중심선 p1 클릭
다음점 지정 : 중심선 p2 클릭

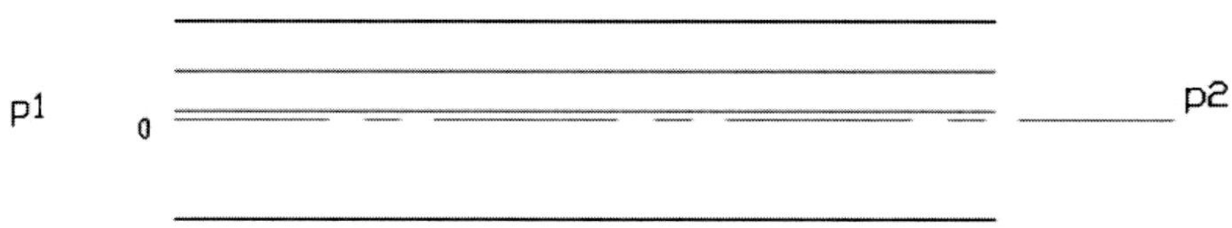

■■■■

Lesson 02 폴리선 편집 명령어

1. Mledit [다중선 편집]

다중선(Mledit)을 이용하여 그린 경우 Mledit를 이용하여 편집할 수 있어 더욱 유용한 도면작도를 할 수가 있다.

(1) 명령어

① Keyboard : Mledit
② Menu : 수정(M) > 객체 > 여러 줄(M)

(2) 사용방법

① 명령 : mledit ↲→ 여러 줄 편집 도구 창 오픈 → 닫힌 십자형 클릭

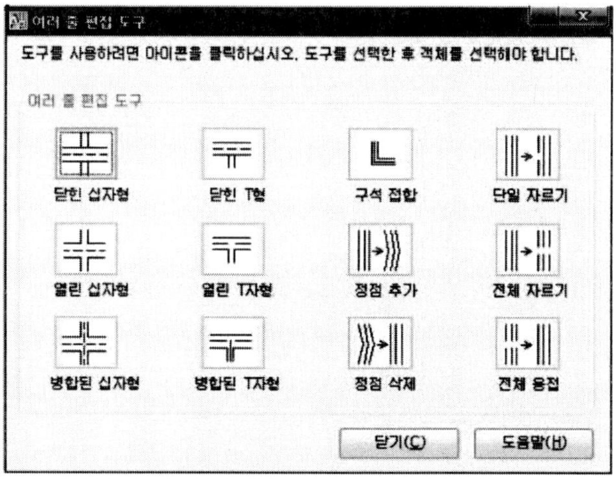

② 명령 : P1 클릭 → P2 클릭
여러 줄 편집 도구와 같은 유형의 평행선으로 편집 가능하다.

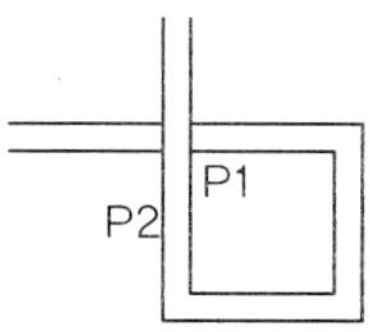

2. Pedit [Polyedit(선 연결)]

어떤 선분을 편집 또는 수정하는 기능이며, 특히 Pedit 명령어는 3D작도에서 Line 또는 circle 등의 단선으로 작도된 선분을 하나의 선으로 Joint시키는 기능으로 많이 사용된다.

(1) 명령어

① Keyboard : pedit
② Menu : 수정(M) > 객체(O) > 폴리선(P)

(2) 사용방법

① 명령 : pedit ↵
② 폴리선 선택 또는 [다중(M)] : (p1) 선택
선택된 객체가 폴리선이 아님
전환하기를 원하십니까↵ <Y>
③ 옵션 입력 [닫기(C)/결합(J)/폭(W)/정점 편집(E)/맞춤(F)/스플라인(S)/비곡선화(D)/선종류생성(L)/명령 취소(U)] : j
④ 객체 선택 : 나머지 세 개의 선을 선택
3개의 세그먼트가 폴리선에 추가됨
⑤ 옵션 입력 [열기(O)/결합(J)/폭(W)/정점 편집(E)/맞춤(F)/스플라인(S)/비곡선화(D)/선종류생성(L)/명령 취소(U)] : ↵

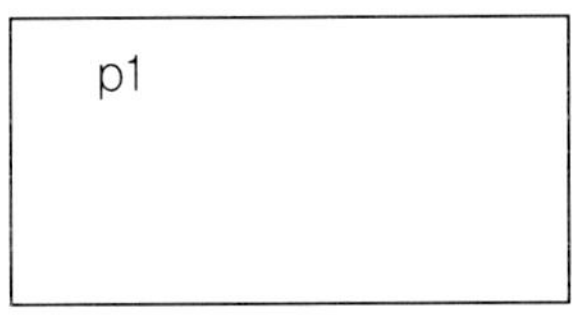

3. Explode [단축키–X,(선 분해)]

블록(Block), 폴리선(Polyline) 등과 같은 단일 요소로 작도된 도형을 단선의 개별적 요소로 분해하는 기능이다.

(1) 명령어

① Keyboard : Explode
② Alias : X

(2) 사용방법

① 명령 : Explode ↵
② Select entity to explode :

※Pedit와 Explode 명령어를 함께 반복활용으로 연습한다. CAD3D 작도에서 많이 활용된다.

4. 정보관련 명령어

① List(나열) : 선의 정보를 볼 수가 있다.
List ↵ → 대상을 선택 ↵

② Dist(거리확인)
Dist ↵ → 대상을 선택(첫번째 위치 클릭) → 두 번째 위치에 클릭

③ Id(좌표보기)
Id ↵ → 대상을 선택

④ Area(면적계산)
우선 면적을 구하고저 하는 것에 Pline으로 다시 한 번 긋는다. → Area ↵ → Object ↵ →대상을 클릭(면적과 둘레길이가 표시)

5. Change [단축키–CH,(변경)]

요소의 특성(색, 레이어, 선, 문자)을 수정할 수 있다. 도면 요소의 속성은 Change, Chprop(Change Property), Ddchprop(속성 바꾸기 대화상자) 명령에 의해서 이루어진다.

(1) 명령어

① Keyboard : Change(CH)
② Menu : 수정(M) > Change

(2) 사용 방법

① 명령 : change ↵
② 객체 선택 : 변경하고자 하는 선분 및 도형 선택 ↵
③ 객체 선택 : 변경점 지정 또는 [특성(P)] : p ↵
④ 변경할 특성 입력 [색상(C)/고도(E)/도면층(LA)/선종류(LT)/선종류축척(S)/선가중치(LW)/두께(T)/재료(M)/주석(A)] : C ↵
⑤ 새로운 색상 [트루 컬러(T)/색상표(CO)] <BYLAYER> : 색상(C)/고도(E)/도면층(LA)/선종류(LT)/선종류축척(S)/선가중치(LW)/두께(T)/재료(M)/주석(A)

(3) 추가 명령어

색상(C)	도면 요소의 컬러 지정
도면층(LA)	도면 요소가 놓이는 도면의 층(Layer) 지정
선종류(LT)	도면 요소의 선의 형태(Line Type) 지정
선종류 축척(S)	도면 요소의 선의 크기(Line Type Scale) 지정
선가중치(LW)	도면 요소의 높이(Height, 대상의 3차원 두께) 지정
두께(T)	대상의 3차원 고도 변경
Line type	Border, Center, Dash Dot, Dashed, Divide, Dot, Hidden 등
Line type scale	점선 등의 간격 설정, 값을 너무 작게 하면 실선 같이 보임

Chapter 05

도면작도에 편리성 지원 명령어

지원 명령어

Lesson 01 Layers(도면층)

1. Layer [단축키-La,(도면층)]

도면층은 여러 장의 도면을 겹쳐 놓고 작도 가능케 하는 기능이다. 명명된 도면의 도면층을 작성하고, 색상 및 선 종류 특성을 도면에 할당하고, 현재의 도면층, 도면층의 동결/동결해제 및 잠금/잠금해제 등을 설정하며, 도면층을 켜기/끄기로 전환시키는 기능으로 도면작도에 편리성을 제공한다.

(1) 명령어

① Keyboard : Layer
② Menu : 형식(O) > 도면층(L)...
③ Alias : LA
* DDLMODES(대화상자 이용)

(2) 사용 방법

Menu : 형식(O) > 도면층(L)... 클릭하면 「도면층 특성 관리자」윈도우창이 오픈된다.

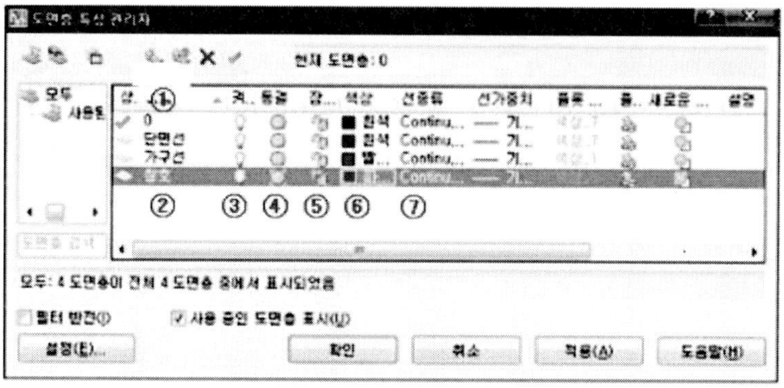

① 도면층 윈도우 창에서 ①을 클릭 레이어 형성

② ②에 레이어 이름 작성

③ ③ On/Off 조절에 의한 도면층을 감추게 하거나 다시 나타나게 하는 기능

④ ④ On/Off에 의한 도면층을 동결, 해동(동결된 레이어는 현재 레이어로 지정할 수 있다)

⑤ ⑤ On/Off에 의한 도면층 보호설정 기능

⑥ 선의 색상을 설정

⑦ 선의 종류 설정 : 선의 종류 위를 클릭 → 선의 종류선택 창 오픈 → 로드(L) 클릭 → 선 종류 로드 창 오픈 → 선택 → 확인

선의 종류 선택에서 다른 선의 종류가 필요하면 로드(L)를 클릭 → 로드창에서 선의 종류 선택 확인 → 확인

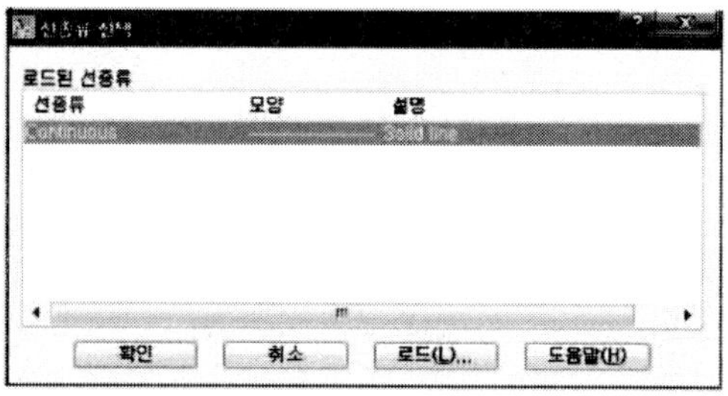

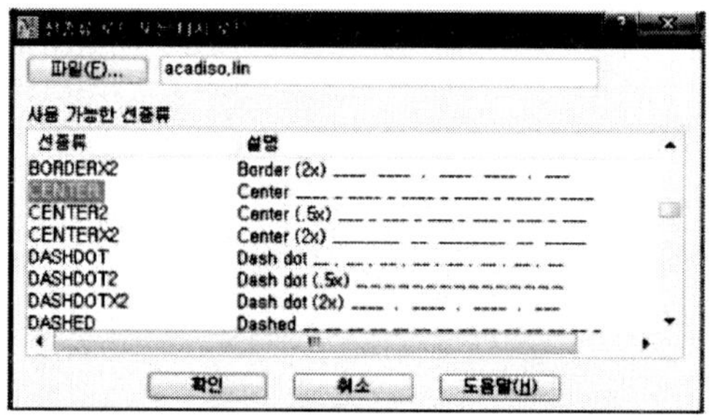

⑧ 선가중치 설정 : 선의 굵기를 설정

Lesson 02 블록과 해치

1. Block과 Insert [블록과 넣기]

일정한 도면의 요소들을 자주 사용할 경우 그 부분을 일정한 틀에 묶어서 사용할 수 있다. 블록은 여러 개의 도면요소(Entity)로 구성된 복합 객체이지만 하나의 객체로 취급된다. 도면 작업 시 일정한 부품들을 미리 그려서 블록으로 지정하여 두면 필요 할 때 마다 불러서 쓰면 편리하다.

(1) 명령어 및 사용방법 1

① BLOCK(단일 복합 객체를 형성)
② INSERT(BLOCK/WBLOCK으로 정의한 것을 불러들일 때 사용)
③ Menu : 삽입(I) → 블록(B) → 삽입 윈도우 창이 오픈

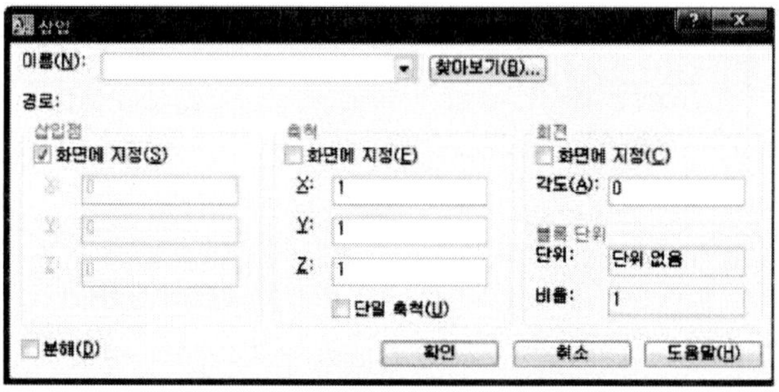

④ 찾아보기 클릭하여 저장한 드라이버에서 찾는다.
⑤ 삽입위치 클릭 또는 숫자로 입력 → 소정의 축척 값을 설정 → 확인

(2) 사용방법 2

제작한 블록 복사하기(Ctrl +C) → 작업 중 도면영역에 붙이기(Ctrl +V)

2. Hatch [단축키-h,(해치)]

물체의 내부가 보이지 않는 부분을 나타내기 위하여 특정의 무늬를 입히는 방법이며, 일반적으로 벽체의 단면을 45도 경사진 실선으로 그어서 표시하는 것으로, 그 밖에 강조 또는 특별한 상징성을 부여할 때도 사용된다.

(1) 명령어

① Keyboard : Hatch
② Menu : 그리기(D) > 해치(H)..
③ Alias : h

(2) 사용 방법

① 명령 : Hatch [h]↵ → 해치 및 그러데이션 위도우창이 오픈

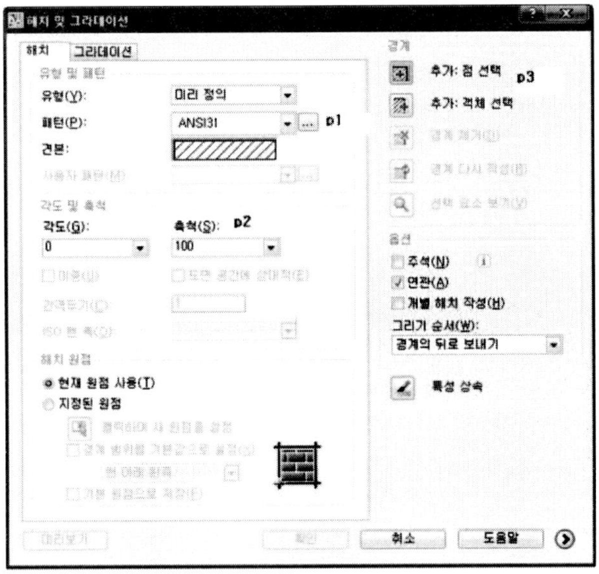

② (p1)클릭 → 해치패턴을 결정

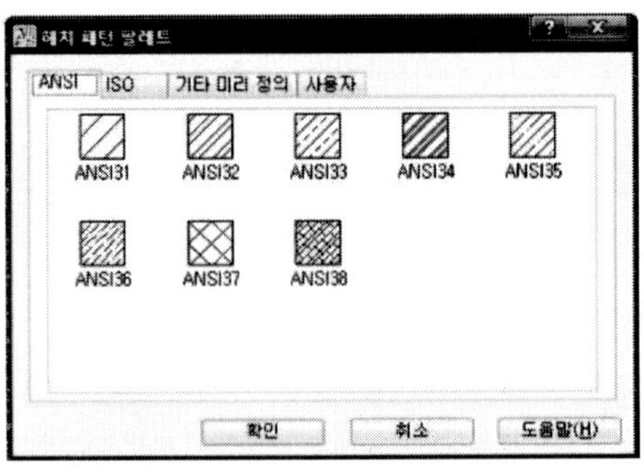

③ 축척(p2) 설정
④ 내부 점 선택 또는 [객체 선택(S)/경계 제거(B)] : 해치부분의 내부에 클릭
⑤ 마우스 우측 클릭 입력 → 확인

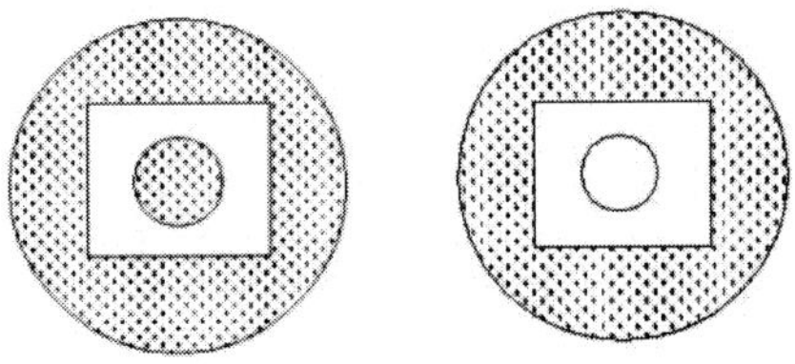

Lesson 03 문자 쓰기(Dtext, Mtext)

도면에 문자 쓰기를 할 때 사용하며 다양한 형태의 문자를 사용할 수가 있다. 글씨체, 색상, 크기 그리고 회전, 정렬 등을 구상할 수가 있다. 문자 작성에는 Dtext와 Mtext 등 두 가지 방법이 있다.

Dtext(DT) : 작업영역에 직접 작성 가능하며 여러 행의 문장을 쓸 수가 있다.
Mtext(MT) : 「문자형식」창에서 문자작성을 하며, 일반적으로 신속하고 수정이 쉬워 사용이 편리하다.

1. Dtext [Text(문자)]

작업영역에 직접 문자를 작성하는 방법으로 주어진 조건의 문자를 작성할 때 유효할 뿐만 아니라 문자가 작성될 곳에 작성하므로 적절한 도면과 조화를 높일 수가 있으며, 계속 도면에 길게 작성할 수가 있다.

(1) 명령어

① Keyboard : Dtext
② Menu : **그리기(D)** > **문자(X)**

(2) Dtext 사용 방법

① 명령 : Dtext 또는 Text [: (or TX)]
② 현재 문자 스타일 : "Standard" 문자 높이 : 2.5000 주석 : No
③ 문자의 시작점 지정 또는 [자리맞추기(J)/스타일(S)] : Drawing area에 클릭
④ 높이 지정 <2.5000> : 50
⑤ 문자의 회전각도 지정 <0> : 0

우리나라

(3) 추가명령어(Justify)

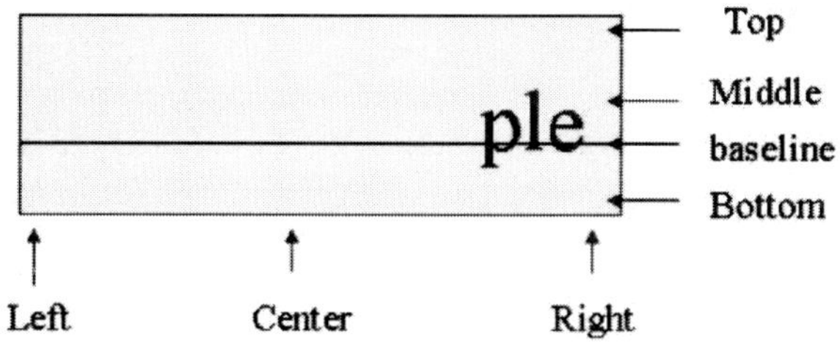

Aligned	두 점 사이로 문자들의 폭, 넓이를 조정하여 끼워 맞춰 글자를 정렬
Fit	문자의 높이만 설정된다.
Centered	지정한 점을 문장의 중심 하단에 맞춰 정렬
Middle	지정한 점을 문장의 우측에 맞춰 정렬
Right	지정한 점을 문장의 우측에 맞춰 정렬
TL	지정하는 점이 문장의 좌측 상단으로 맞춰 정렬
TC	지정하는 점이 문장의 중심 상단으로 맞춰 정렬
TR	지정하는 점이 문장의 우측 상단으로 맞춰 정렬
ML	지정하는 점이 문장의 좌측 중앙으로 맞춰 정렬
MC	지정하는 점이 문장의 중앙으로 맞춰 정렬
MR	지정하는 점이 문장의 우측 중앙으로 맞춰 정렬
BL	지정하는 점이 문장의 좌측 하단으로 맞춰 정렬
BC	지정하는 점이 문장의 중심 하단으로 맞춰 정렬
BR	지정하는 점이 문장의 우측 하단으로 맞춰 정렬

2. Mtext [Multiline text]

새로운 문자 쓰기 윈도우에서 문자를 작성하며 단락 문자를 작성하는데 아주 편리하다. 특히, 한글작성이나 대화상자에서 쉽게 다양한 문장체를 설정할 수가 있을 뿐만 아니라 문자 복사 및 편집이 매우 유효하다.

(1) 명령어

① Keyboard : Mtext
② Menu : **그리기(D)** > **문자(X)**
③ Alias : T, MT

(2) 사용 방법

① 명령 : mtext ↵
② 첫 번째 구석 지정 : (p1) 클릭
③ 반대 구석 지정 또는 [높이(H)/자리맞추기(J)/선간격두기(L)/회전(R)/스타일(S) /폭(W)/열(C)] : (p2) 까지 드래그 → 아래 그림과 같은 문자형식 윈도우창 오픈
④ 문자기입(한글 : 한/영키) → 확인(p3) 클릭

3. Ddedit [문자 편집]

이미 작성한 문자를 편집하며 문자를 수정할 수 있는 방법에는 두 가지가 있다. 첫째는 변경(CHANGE) 명령을 이용하는 것이고, 두 번째는 문자 변경 대화상자(Ddedit)를 이용하여 문자와 속성을 편집하는 방법이다. 문자 수정의 경우 후자가 일반적으로 많이 사용된다.

(1) 명령어

① Keyboard : Ddedit
② Menu : 수정(M) > 개체(O) > 문자(T)

(2) 사용방법

① 명령 : ddedit ↵
② 주석 객체 선택 또는 [명령 취소(U)] : 수정하고자 하는 문자 위에 커서를 두고 클릭 → 대화 상자를 이용하여 수정 가능

4. 특수문자

일반적으로 지원되는 문자이외에 원의 지름 또는 각도 등을 표시하고자할 때 사용되며, 방법에는 Mtext와 Dtext의 문자 작성에 따라 다른 방법으로 사용된다.

(1) Dtext에서 특수문자 입력방법

① 사용방법

```
명령 : dtext
문자의 시작점 지정 또는 [자리맞추기(J)/스타일(S)] :
높이 지정 <100.0000> : 100
문자의 회전 각도 지정 <0> : ↵
문자 : 150%%P0.5
```

② 결과

150±0.05

(2) Mtext에서 특수문자 입력방법

① Mtext ↵ → 문자 영역 설정
② ⌄클릭
③ 기호(S) 클릭
④ 양수/음수(P) %%P 클릭

(3) 특수문자 작성 기호

기호	입력
도(D)	%%d
양수/음수(P)	%%p
지름(I)	%%c
거의 같음	₩U+2248
각도	₩U+2220
경계선	₩U+E100
중심선	₩U+2104
증분	₩U+0394
전기 위상	₩U+0278
흐름 선	₩U+E101
항등	₩U+2261
초기 길이	₩U+E200
기준 선	₩U+E102
같지 않음	₩U+2260
Ohm	₩U+2126
오메가	₩U+03A9
특성 선	₩U+214A
아래 첨자 2	₩U+2082
제곱	₩U+00B2
입방	₩U+00B3
비-중단 공백(S)	Ctrl+Shift+Space

Lesson 04 치수기입(Dimension)

치수는 도면 요소 사이의 길이, 거리 각도, 원 또는 호의 지름 또는 반지름을 나타내어 설계자의 의도를 상대방에게 정확히 표현하고, 가공 방법, 재료선정 등에도 관련된다. 특히 치수기입은 작성한 도면들과의 조화를 극대화하여 도면이 잘 들어나 보이고 깨끗하게 처리가 되어야 한다. 따라서 치수기입은 크기와 형식이 중요하며 또한 치수기입 위치 등이 상당히 중요하다. 치수기입은 명령어를 직접 사용하는 것보다는 풀다운 메뉴에서 선택하여 사용하는 것이 더 바람직한 방법이라 할 수 있다.

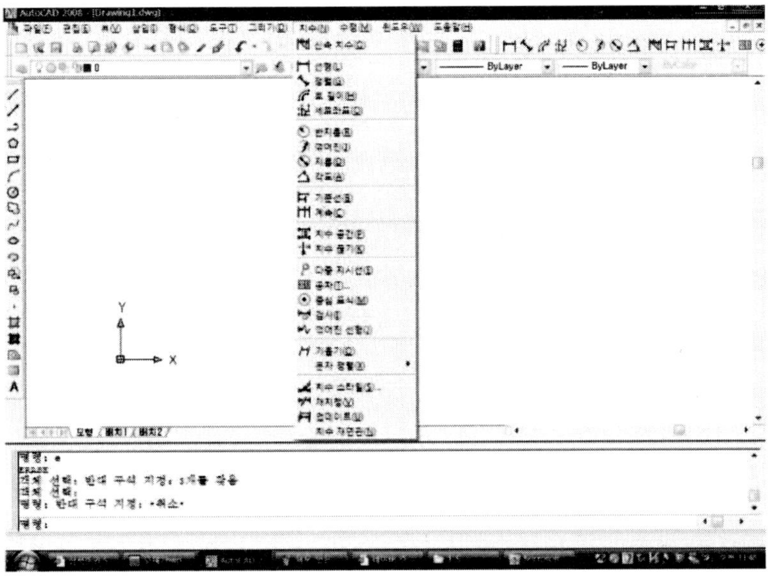

(1) 치수용어

① 치수선(Dimension Line)
② 치수 보조선(Extension Line)
③ 화살표(Arrowhead)
④ 치수문자(Dimension Text)
⑤ 지시선(Leader)
⑥ 공차(Tolerance)
⑦ 한계값(Limit)
⑧ 중심선 또는 중심표시(Center Mark and Line)

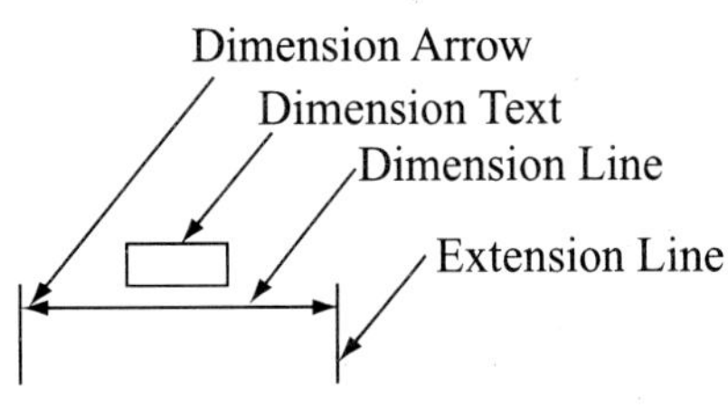

(2) 명령어

① Keyboard : DIM, DIM1
② Menu : 치수(N) > 치수유형별 선택

1. 선형 치수 기입

수평치수(Horizontal), 수직치수(VERtical), 정렬치수(ALIgned), 회전치수(ROTated)

(1) 명령어

① Keyboard : Dimlinear
② Menu : **치수(N)** > **선형(L)**
③ Alias(별명, 단축 명령어) : DIM, DIM1 => HOR, VER, ROT

(2) 사용방법

① 명령 : dimlinear ↵
② 첫 번째 치수보조선 원점 지정 또는 <객체 선택> : A지점 클릭
③ 두 번째 치수보조선 원점 지정 : B지점 클릭
④ 치수선의 위치 지정 또는 [여러 줄 문자(M)/문자(T)/각도(A)/수평(H)/ 수직(V) /회전(R)] : C 지점 드래그해서 결정
⑤ 치수 문자 = 2.859

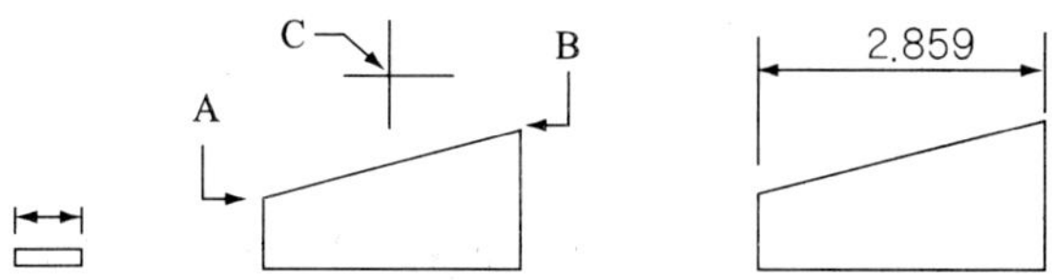

2. 정렬 치수 기입(Aligned)

도면 요소와 평행한 치수선을 그어 치수 기입하는 방법이다.

(1) 명령어

Menu : **치수(N)** > **정렬(G)**

(2) 사용방법

① 명령 : _dimaligned ↵
② 첫 번째 치수보조선 원점 지정 또는 <객체 선택> : A지점 클릭
③ 두 번째 치수보조선 원점 지정 : B지점 클릭
④ 치수선의 위치 지정 또는 [여러 줄 문자(M)/문자(T)/각도(A)/수평(H)/수직(V) /회전(R)] : C 지점 드래그해서 결정
⑤ 치수 문자 = 2.859

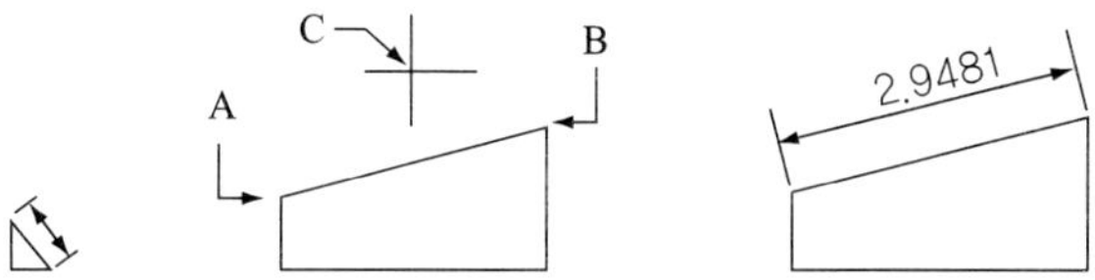

3. 기준선 치수 기입(Dimension Baseline)

이미 기입된 수평, 수직 치수의 첫 번째 치수보조선을 기준으로 연속적으로 치수를 기입할 경우에 사용한다.

(1) 명령어

Menu : **치수(N)** > **기준선(B)**

(2) 사용방법

① 명령 : _dimbaseline ↵
② 두 번째 치수보조선 원점 지정 또는 [명령 취소(U)/선택(S)] <선택(S)> : 치수 문자 = 4675
③ 두 번째 치수보조선 원점 지정 또는 [명령 취소(U)/선택(S)] <선택(S)> : 치수 문자 = 6007

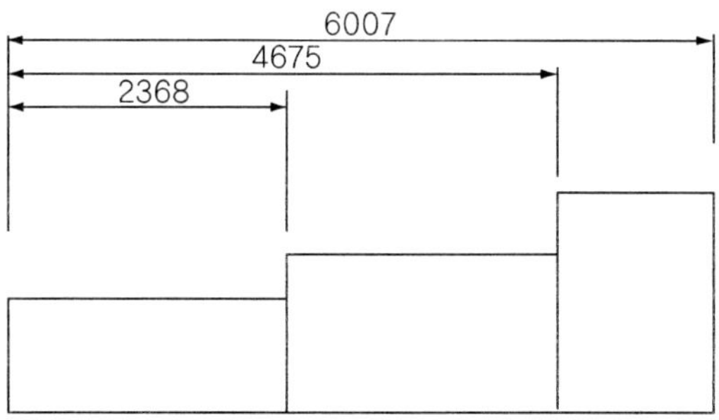

4. 연속 치수 기입(Dimension Continue)

이미 기입된 수평, 수직 치수의 두 번째 치수보조선을 기준으로 연속적으로 치수기입

(1) 명령어

① Keyboard : DIMCONTINUE
② Menu : 치수(N) > 계속(C)
③ Alias(별명, 단축 명령어) : DIMCONT

(2) 사용방법

① 명령 : _dimcontinue ↵
② 두 번째 치수보조선 원점 지정 또는 [명령 취소(U)/선택(S)] <선택(S)> : 치수 문자 = 2307
③ 두 번째 치수보조선 원점 지정 또는 [명령 취소(U)/선택(S)] <선택(S)> : 치수 문자 = 1332

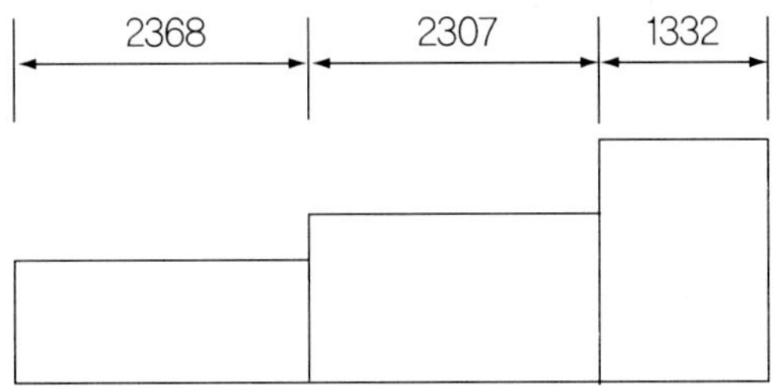

5. 중심선 표시(Dimension CENTER)

원형이 같은 유형의 도형을 클릭하면 중심점이 표시된다.

(1) 명령어

① Keyboard : DIMCENTER
② Menu : 치수(N) > 중심 표식(M)
③ Alias(별명, 단축 명령어) : DCE

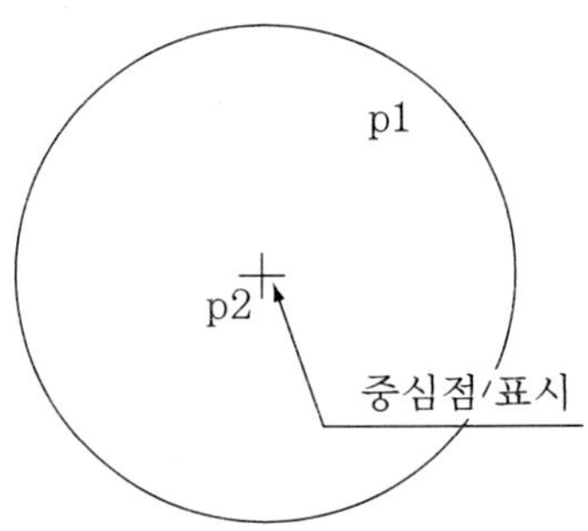

(2) 사용방법

① (p1)의 원을 클릭
② (p2)와 같은 중심점 표시가 생긴다.

6. 지시선 치수 기입(Dimension LEADER)

(1) 명령어

① Keyboard : DIMLEADER
② Menu : 치수(N) > 다중 지시선(E)
③ Alias(별명, 단축 명령어) : LEADER, LEAD, LE

(2) 사용방법

① 명령 : Dimensioning(dim) ↵
② 치수 : Leader(l) ↵
③ 지시선 시작 : (p1)클릭
④ 다음 점 : (p2)클릭
⑤ 다음 점 : (p3)클릭
⑥ 치수 문자 <0> :

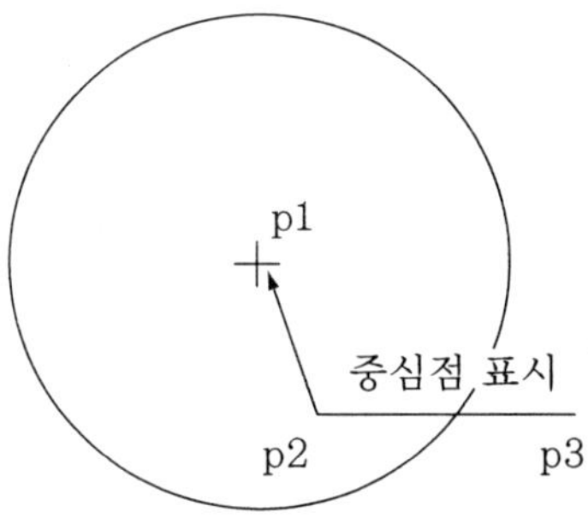

7. 각도(Dimension ANGULAR)

(1) 명령어

① Keyboard : DIMANGULAR
② Menu : **치수(N)** > **각도(A)**
③ Alias(별명, 단축 명령어) : DIMANG, DAN

(2) 사용방법

① 명령 : dim
② 치수 : an
③ 호, 원, 선을 선택하거나 <정점 지정> : (p1)클릭
④ 두 번째 선 선택 : (p2)클릭
⑤ 치수 호 선의 위치 지정 : (p3)클릭
⑥ 문자 위치 지정(또는 ENTER 키 누르기) : (p3)클릭

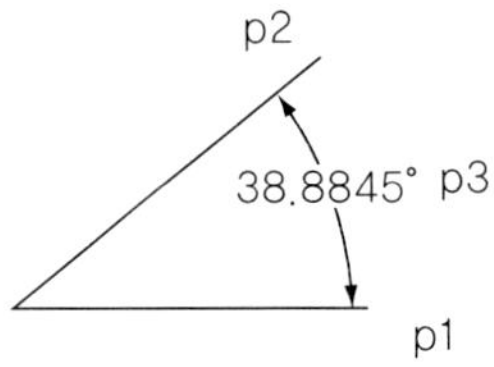

8. 지름 및 반지름 (Dimension DIAMETER, Dimension Radius)

(1) 명령어

① Keyboard : DIMDIAMETER, Dimension Radius
② Menu : **치수(N)** > **반지름(R)**, **지름(D)**
③ Alias(별명, 단축 명령어) : DDI

(2) 사용방법

(반지름을 표시할 경우) ① 명령 : _dimradius ② 호 또는 원 선택 : 치수 문자 = 1500	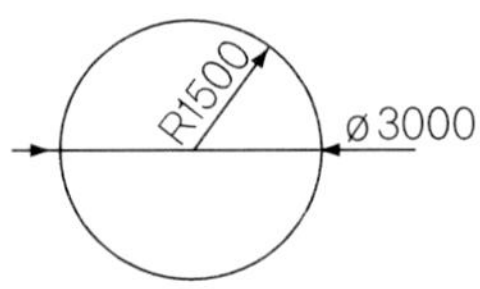
(지름을 표시할 경우) ① 명령 : _dimdiameter ② 호 또는 원 선택 : 치수 문자 = 3000	

9. 치수 기입 설정

치수변수(System variable를 이용하여 치수 유형설정을 하는 것은 불편하므로 대부분의 프로그램은보는 대로 나타내는 기능을 지원하는 대화상자를 이용한다.

(1) SETDim, Ddim(치수 기입 대화상자)

① Menu 형식(O) → 치수 스타일(D)... → 치수스타일 관리자 윈도우창 오픈

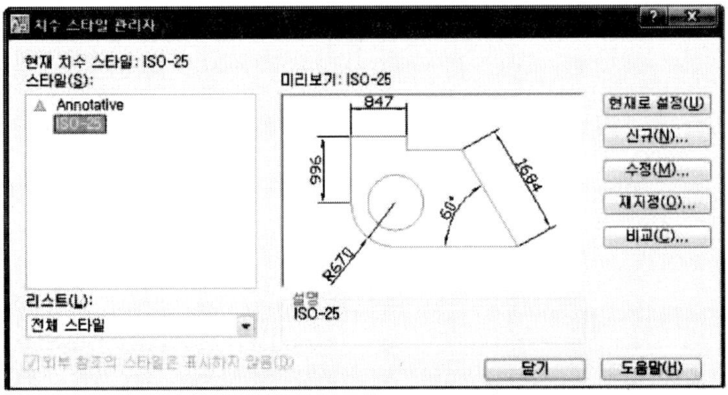

② 치수스타일 관리자 윈도우창 → 수정(M) 클릭 → 치수스타일 수정 윈도우창 오픈

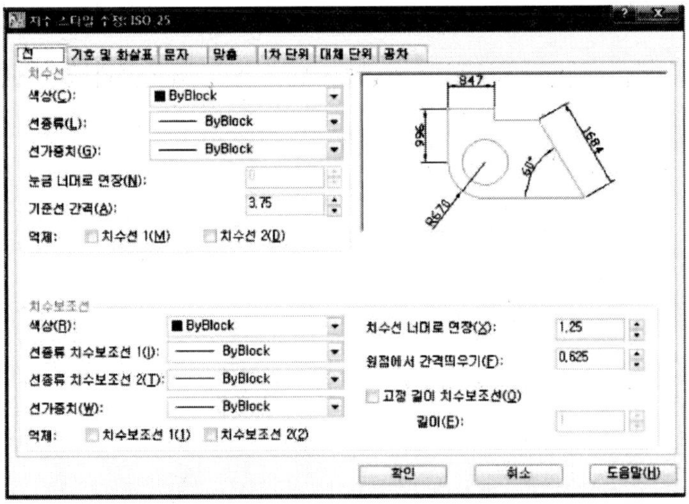

(2) Dimension Style(치수유형)

현재사용중인 치수유형의 이름이 표시된다. New 버튼을 누르면 새로운 치수 스타일 이름을 입력 받게 된다. 새로운 이름을 입력하고 Create 버튼을 누르면 새로운 치수 기입 스타일이 생성된다.

(3) Arrows(화살) : ARROW 탭의 각종 항목들은 화살표 모양이나 크기 등을 설정한다. Arrowheads에서 화살표의 형태를 설정한다. 1st는 첫번째 원점, 2nd는 두번째 원점의 화살표 형태를 설정한다. Arrow size 항목에 화살표의 크기를 입력한다. 2.5에서 3.0mm 의 크기가 적당하다.

(4) Format(형식) : 문자의 위치를 선택하는 탭이다. 치수문자와 치수선의 거리는 1정도가 적당하다.

(5) Line(선) : 치수선과 치수 보조선의 형태(색 등)를 설정함.

(6) Text(문자) : 문자의 크기, 색, 유형 및 위치 등을 설정함.

(7) Tolerance(공차) : 공차의 형태와 자릿수를 설정함.

(8) Units(단위) : 치수의 단위와 자릿수 등을 설정함.

※ 치수스타일 추천방식

맞춤클릭 → 치수 피쳐 축척 <전체 축척 사용(S) 설정으로 모든 치수의 스타일을 균형 있게 변경할 수 있다. 가능하면 치수 스타일 개개의 수치를 변경하면서 수정하는 방법은 치수스타일의 크기 등의 균형이 흐트러지기 쉬우므로, 맞춤에서 전체 치수 축척을 변경하는 방식이 가장 편안하고 합리적이 방법이다.

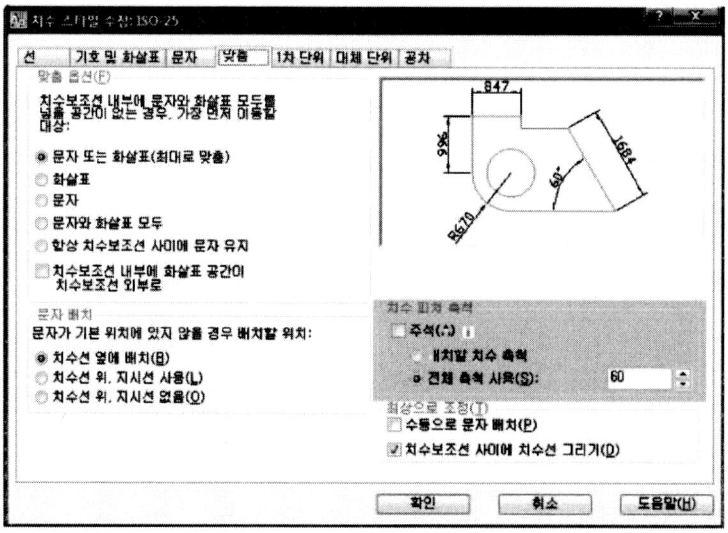

1. 연습

창문 1

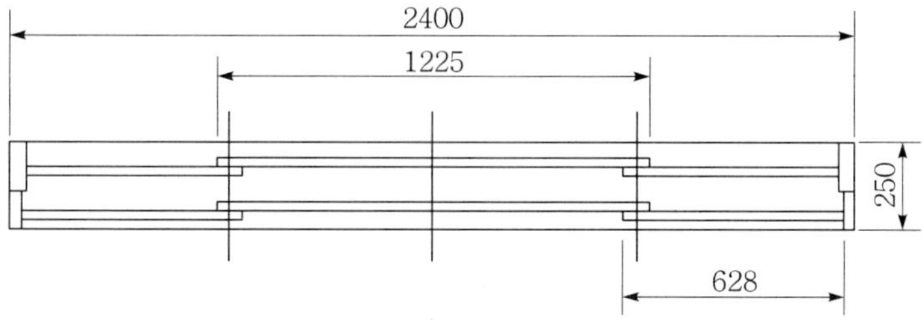

창문 2

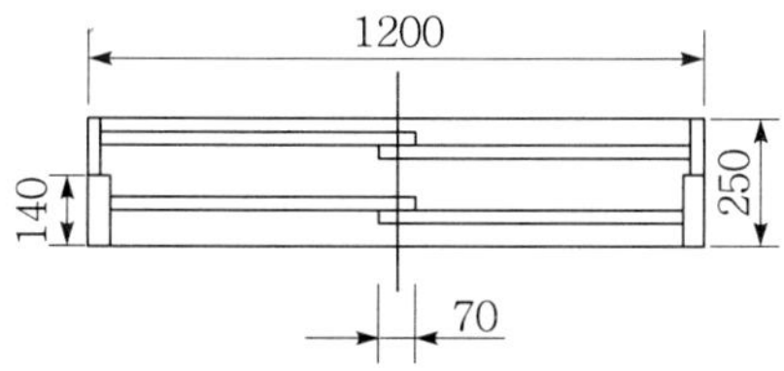

문

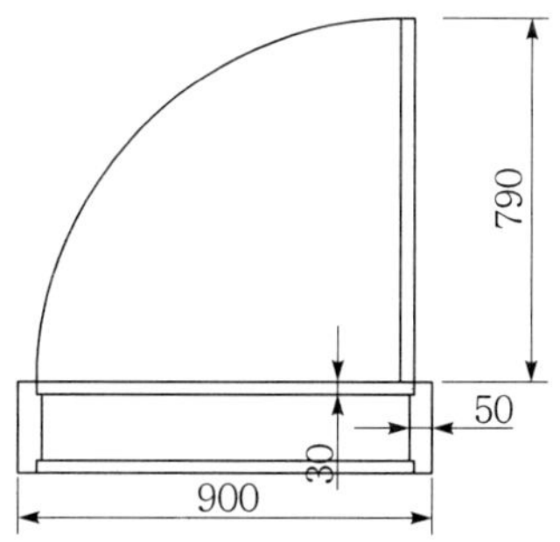

이불

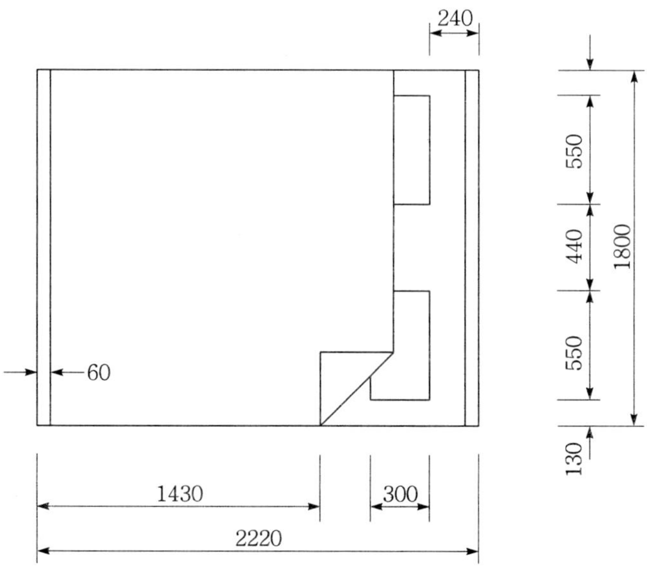

2. 연습

활엽 수목 만들기 1

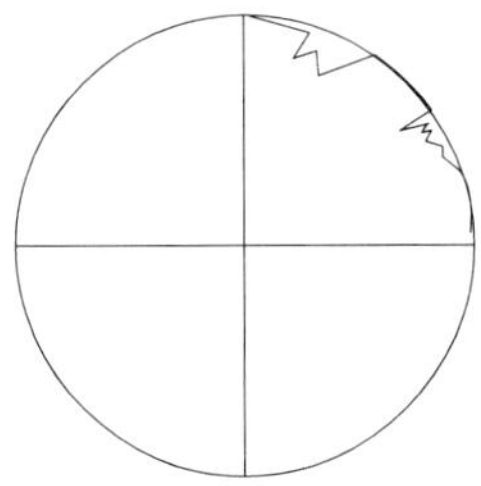

① Circle → line 적당히 그린다.

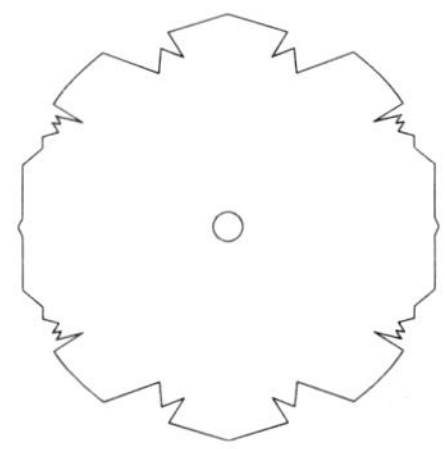

② Mirror → 정리 → 완성

침엽 수목 만들기 2

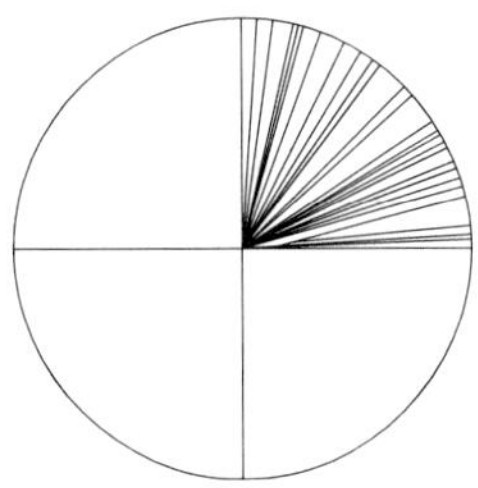

① Circle → line 적당히 그린다.

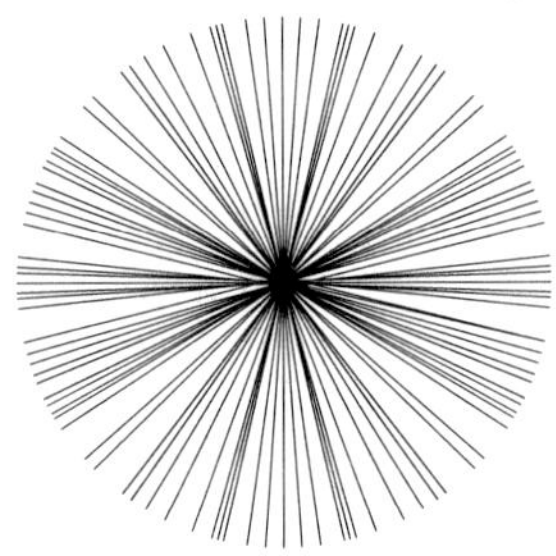

② Mirror → 정리 → 완성

기타 수목 만들기 3

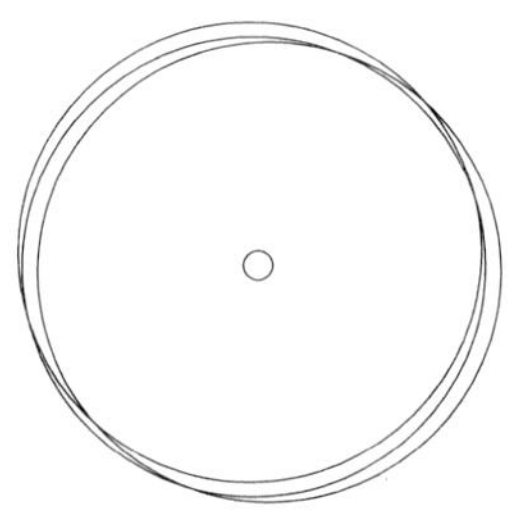

■■■■

Lesson 05 PLOT [플롯]

출력을 위한 별도의 종이영역이 있고, 출력범위를 지정하고 원하는 스케일의 출력이 가능하다.

1. 배치상태 확인 후 플롯

① 배치1 또는 새로운 배치를 선택하여 원하는 출력상태를 확인한다.

② 프린터/플로터를 선택 → 용지크기 설정 → 미리보기(P)에서 확인 → 확인

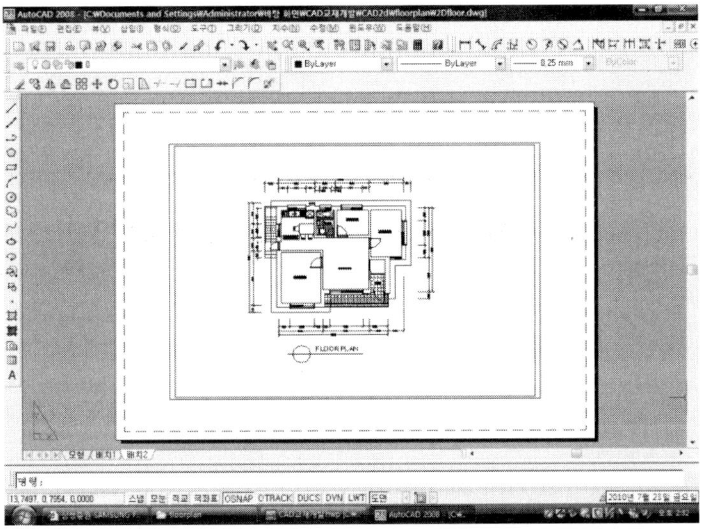

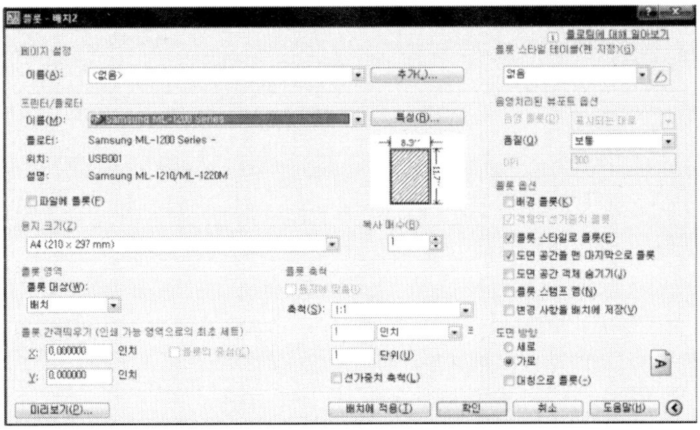

2. 모형상태에서 플롯

플롯 → 플롯영역 선택에서 윈도우(O)< 클릭 → 도면 출력 영역을 윈도우 선택 → 미리보기 확인 → 확인

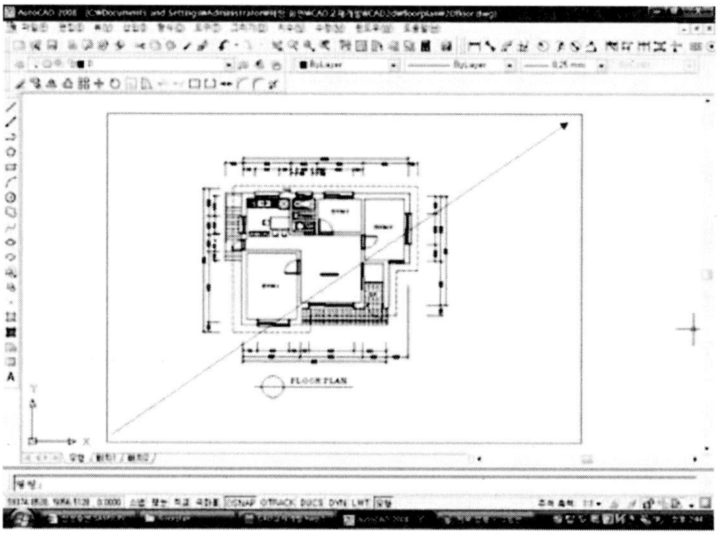

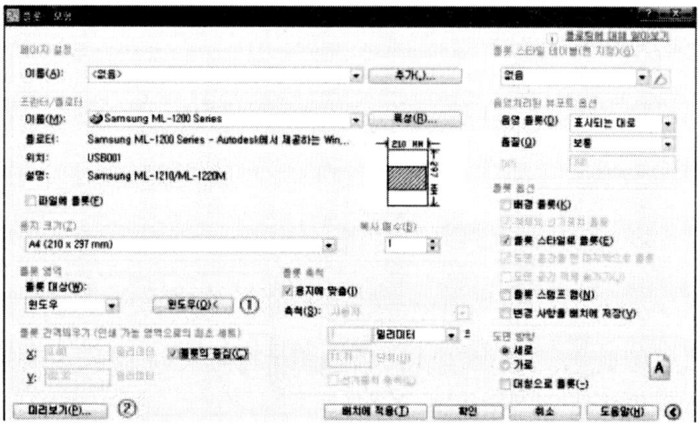

Chapter 06

건축도면 작도에 명령어 적용 방법

평면도 작도

1. 중심선 긋기

① 도면층(Layer)설정 → 이름(중심선) → 종류(Center선) → 색상(빨강색)
② 도면층(중심선 선택)
③ 세로 기준선 긋기(평면도 보다 크게 길게 긋는다) → Offset(가로 치수 크기로)
※ 단 치수기입은 나중 단계에서 기입한다.

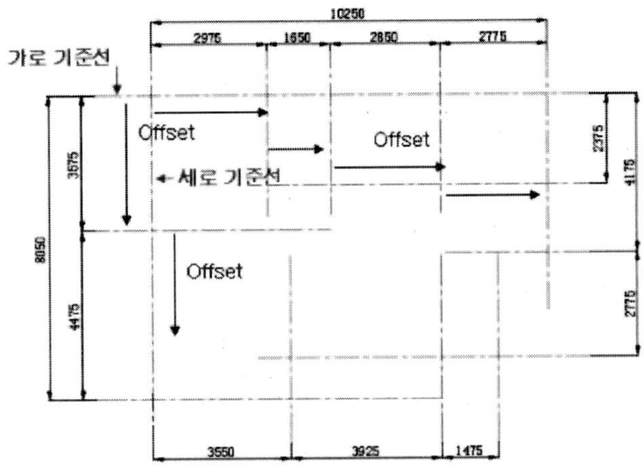

2. 벽선 긋기

① 도면층(Layer)설정 → 이름(벽선) → 종류(Continue선) → 색상(검/흰)
② 중심선을 벽체 두께(외벽 : 350, 내벽 : 200)만큼 양쪽으로 Offset한다.
③ 벽선을 클릭하고 도면층(Layer)을 벽선 선택, 도면층 벽선의 속성으로 바꾼다.
④ 창문과 문이 들어 갈 곳을 끊어서 정리한다.

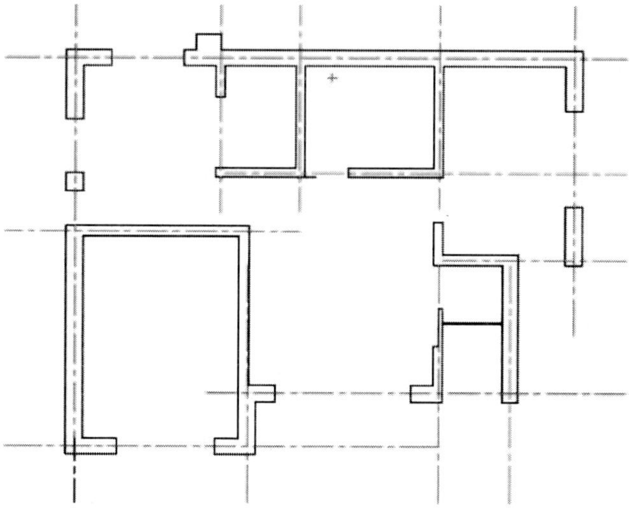

3. 공간쌓기 표시

① 도면층(Layer)설정 → 이름(공간쌓기) → 종류(Continue선) → 색상(청색)

② 1.5B공간쌓기 외벽에 50mm두께로 작도(Offset → Trim)

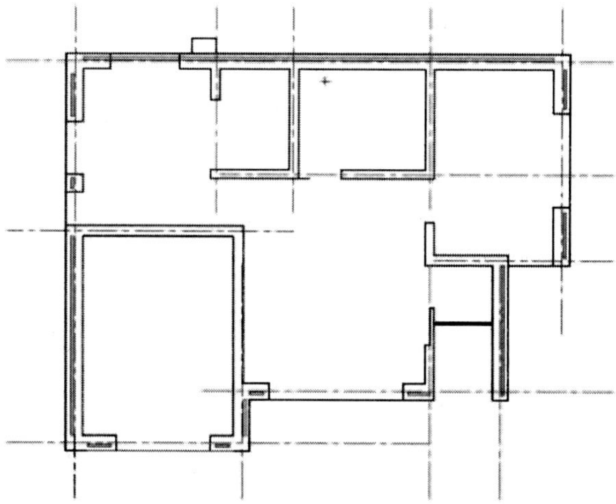

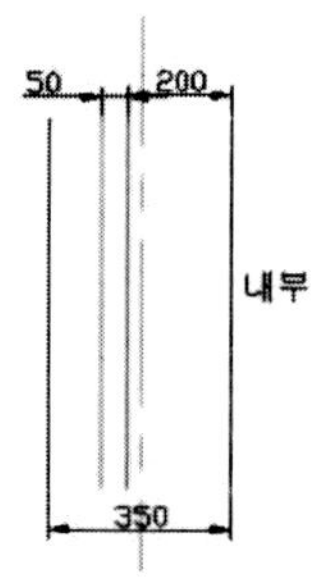

1.5B조적조 쌓기
(350mm)

4. 창문 및 문 작도(Insert)

① 도면층(Layer)설정 → 이름(창호) → 종류(Continue선) → 색상(검/흰)

② 창문을 사전에 만들어 놓은 경우 블록형식으로 창문을 Insert 한다.
Insert ↵ → 삽입 윈도우 오픈 → 확인 → 적절한 위치에 클릭

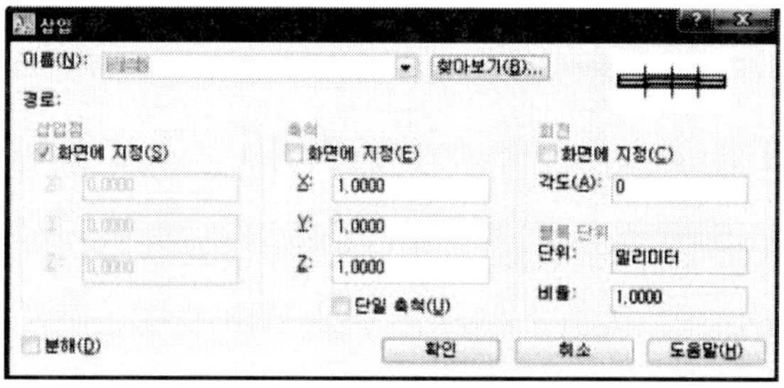

③ 창문을(Ctrl + C) 복사 → 작업 영역에(Ctrl + V) 붙여 넣는다.

④ Rotate 또는 Stretch 명령어로 방향 및 크기 조정

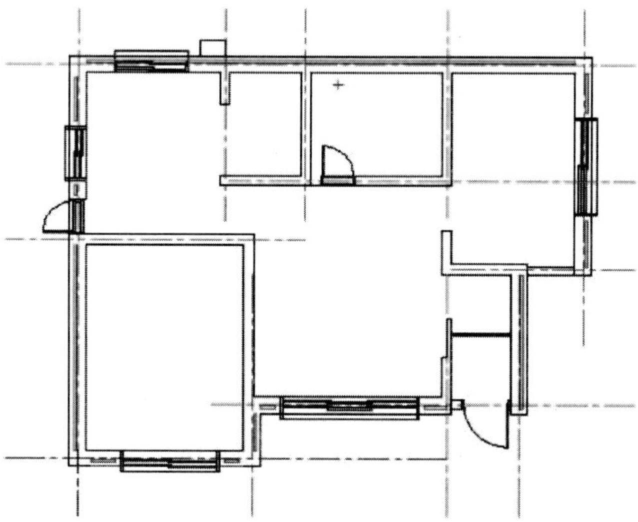

5. 계단, 발코니, 지붕선 등 기타

① 도면층(Layer)설정 → 이름(계단) → 종류(Continue선) → 색상(검/흰)
② 도면층(Layer)을 적극 활용하여 도면작업에 편리성을 꽤한다.

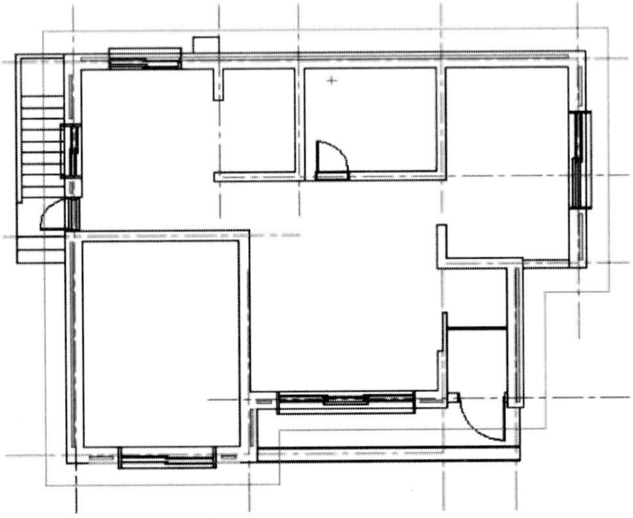

6. 가구 작도(Insert)

① 창호 Insert 방법과 같은 방법으로 작도한다.

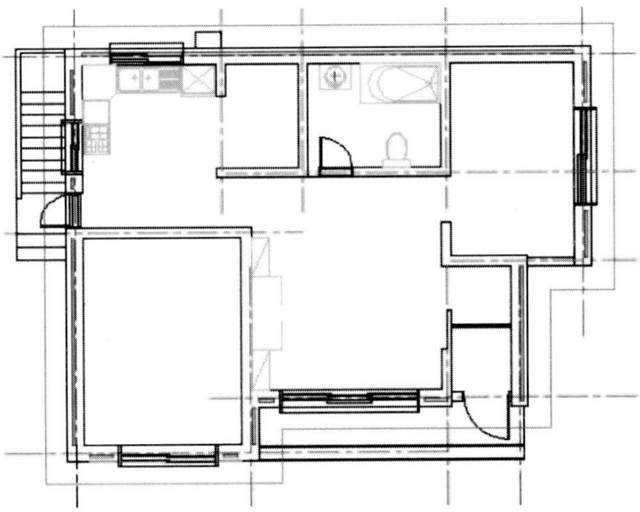

7. 문자 쓰기

① 도면층(Layer)설정 → 이름(문자) → 종류(Continue선) → 색상(검/흰)
② 실명 하나를 작성 → 필요한 곳에 복사 붙임 → Ddedit → 실명을 고쳐 작성

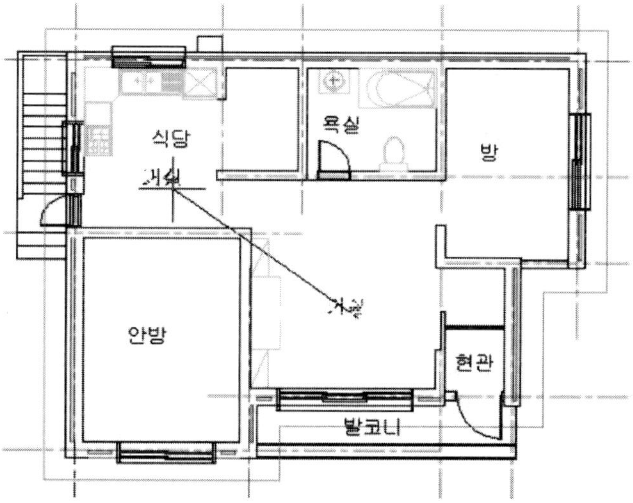

8. 해치

① 도면층(Layer)설정 → 이름(해치) → 종류(Continue선) → 색상(검/흰 또는 청색)
② 문자 쓰기를 반드시 먼저하고 해치를 한다.

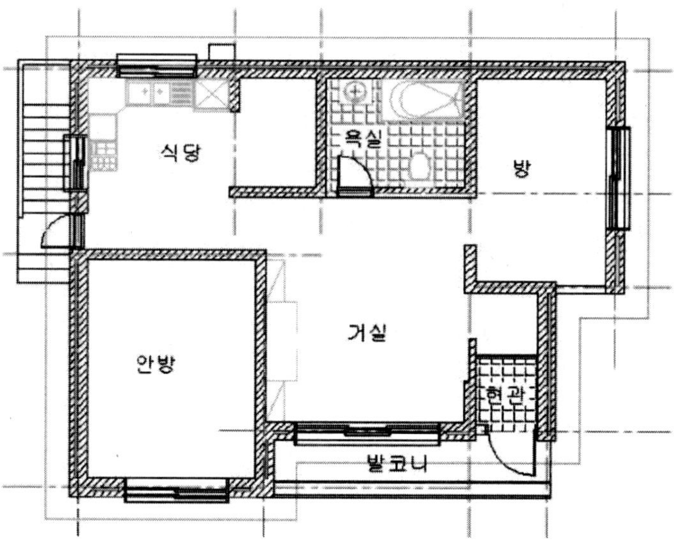

9. 치수기입

① 도면층(Layer)설정 → 이름(치수) → 종류(Continue선) → 색상(검/흰)

② 도면 전채의 스케일과 조화 있게 치수의 크기를 설정한다.
메뉴 → 치수스타일(D) → 치수스타일 재지정 관리자(수정) → 치수스타일 재지정 창 → 맞춤(가능한 맞춤에서 축척을 조정한다)

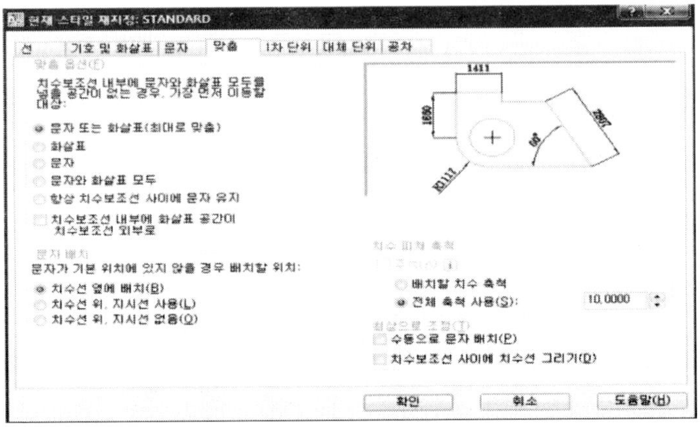

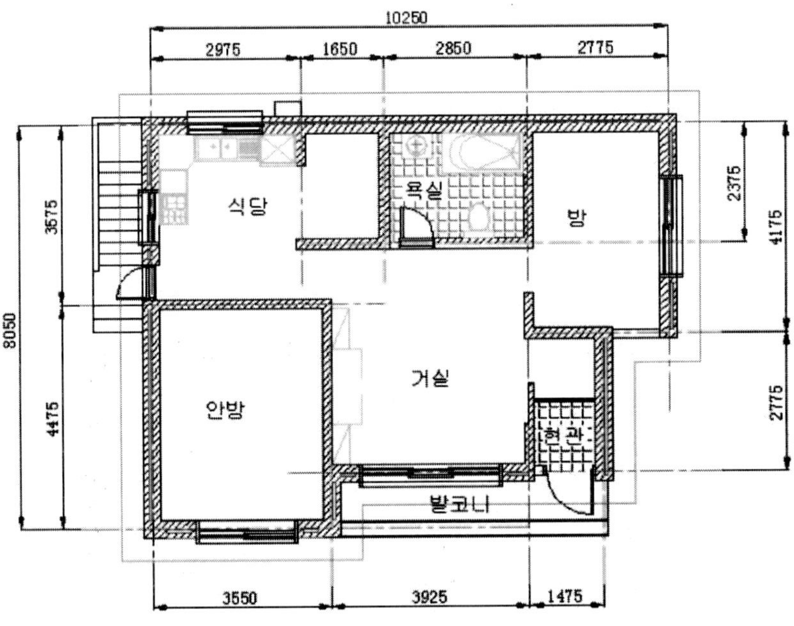

Auto CAD 3D

Auto CAD 3D 개념의 이해와 좌표 그리고 모델링 작업과 기교를 위한 명령어 소개, 지원명령어 등에 대한 내용으로 구성하여 Auto CAD 3D로 모델링한 이미지를 3DS Max에서 Mapping 작업을 할 수 있도록 모델링 능력을 함양하는데 있다.

3D
Auto CAD

Auto CAD 3D

Chapter 01 Auto CAD 3D 개념 및 좌표변환

CAD 3D 개념

Lesson 01 기타 명령어

1. CAD 3D 개념

CAD 2D는 종이를 눕혀놓고 도면을 작도한다면(그림①), 3D는 종이를 세워놓고 도면을 그린다(그림②)고 생각하면 바람직하다. 즉, 2D는 (x,y)좌표에서 도면을 작도한 것을 3D는 2D로 작도한 도면을 두께 또는 높이를 z축으로 두어서 실물과 같은 입체형을 가지게 하는 방식이다. 항상 도면작업은 (x,y) 좌표 면에 작도해야하므로 (x,y) 좌표 면을 작업방향으로 변화시켜주어야 하는 것이 UCS 변환이라고 할 수 있다.

그림① CAD 2D작업	그림② CAD 3D작업
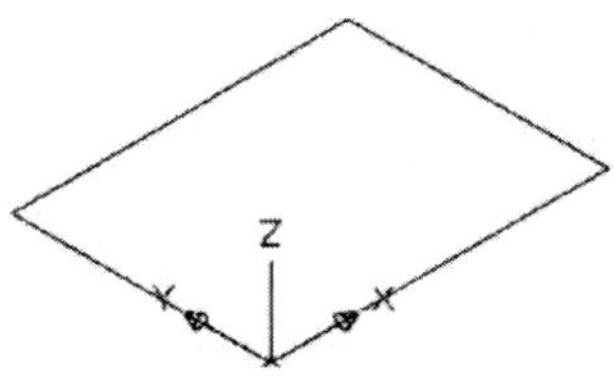	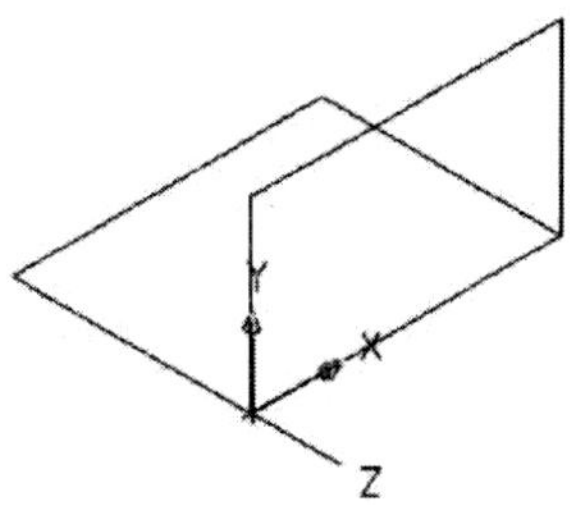

3D로 표현할 수 있는 모델은 와이어 프레임모델(Wire Frame Model)과 표면모델(Surface Model) 그리고 솔리드 모델(Solid Model) 등이 있다. 와이어 프레임 모델은 육면체의 골격만으로 구성되어 내부가 투시되는 형태이다. 그리고 표면모델은 육면체의 골격의 표면에 렌더링이 되어 표피가 구성되어 내부는 텅 비어 있지만 내부가 가려지는 상태이다. 솔리드 모델은 내부가 꽉 찬 육면체 덩어리라 할 수가 있다.

와이어 프레임모델 (Wire Frame Model)	표면 및 솔리드 모델(Surface or Solid Model)
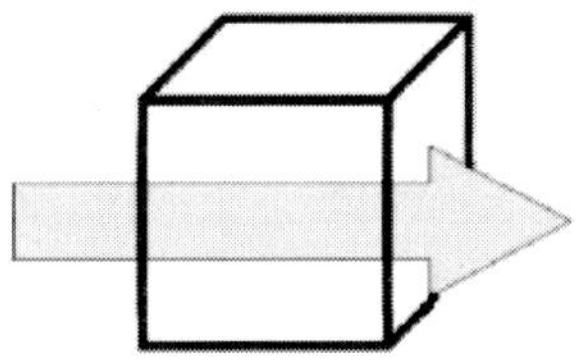	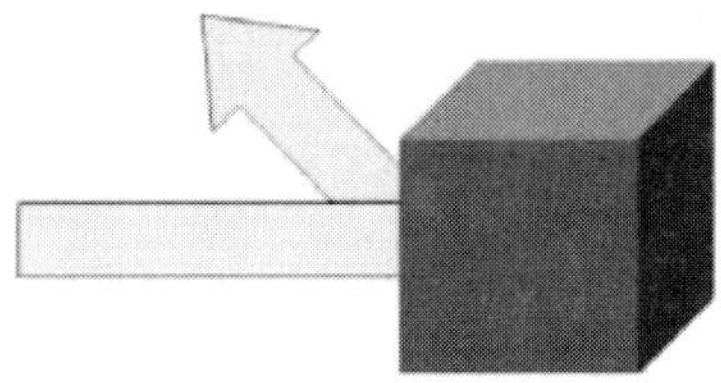

2. UCS 변환

UCS(User Coordinate System)란 사용자 정의 좌표계라고 말한다. 즉 AutoCAD 도면에는 기본적으로 WCS(World Coordinate System)좌표로 CAD2D 작업을 하였고, 이제부터는 UCS를 이용하여 좌표를 마음대로 바꿀 수가 있다. 즉 WCS 좌표와 UCS의 병용이 가능하다는 뜻이며, 고정된 WCS좌표계만 사용하는 것이 아니라 사용자가 지정한 지점을 새로운 원점으로 하여 도면을 구성할 수 있다는 것이다.

WCS 좌표계	UCS 좌표계	WCS의 원점과 일치된 UCS아이콘
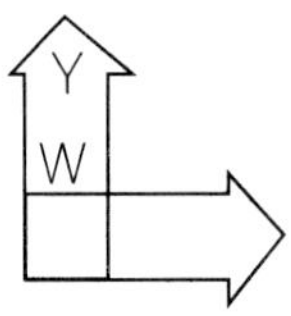	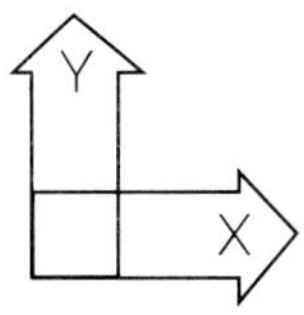	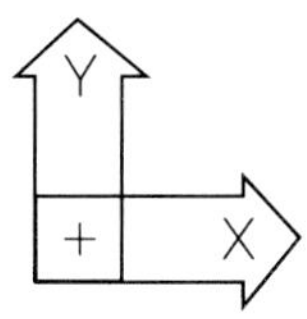

(1) 입력방법

① 키보드 : UCS
② 풀다운 메뉴 : Tool → UCS

(2) 사용방법

① 명령 : UCS↵
② UCS의 원점 지정 또는 [면(F)/이름(NA)/객체(OB)/이전(P)/뷰(V)/표준(W)/X/Y/ Z/Z축(ZA)] 〈표준(W)〉 : x
③ X축에 관한 회전각도 지정 〈90〉:

손가락을 이용한 UCS 좌표계
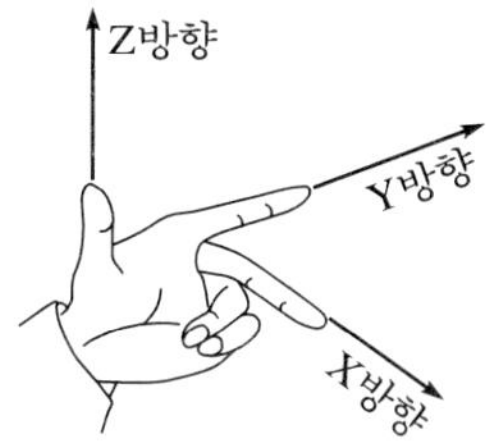

(3) X/Y/Z축을 이용하는 방법

① VPOINT(남서투영등각뷰)	② UCS→X축을 -90도 회전	③ Y축을 90도로 회전
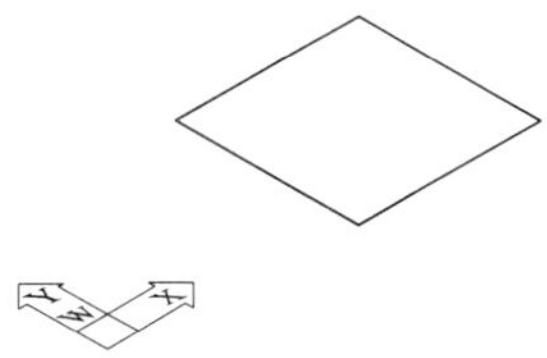	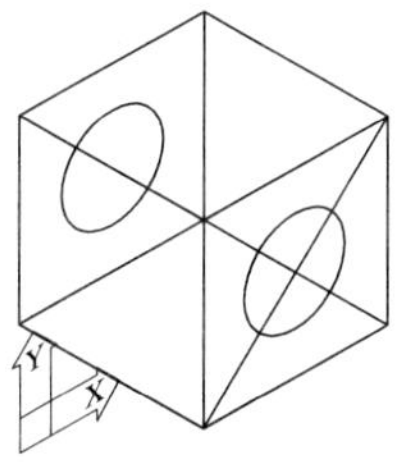	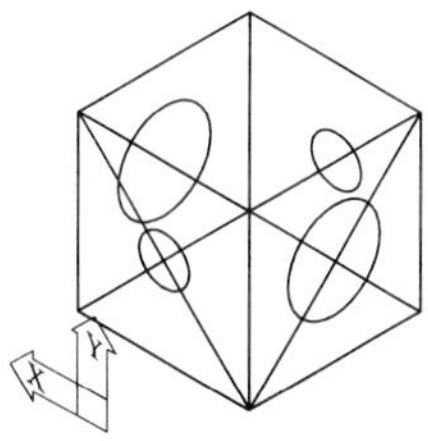

(4) 3P를 이용하는 방법

① UCS ↵ → P3 ↵ → P1, P2, P3 클릭
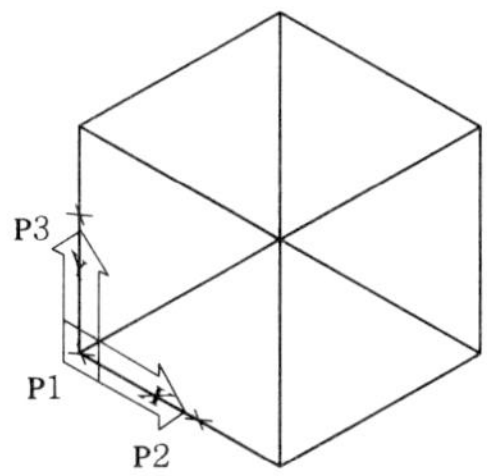

(5) ZA축을 이용하는 방법

① UCS ↵ → ZA ↵ → P1과 P2 클릭
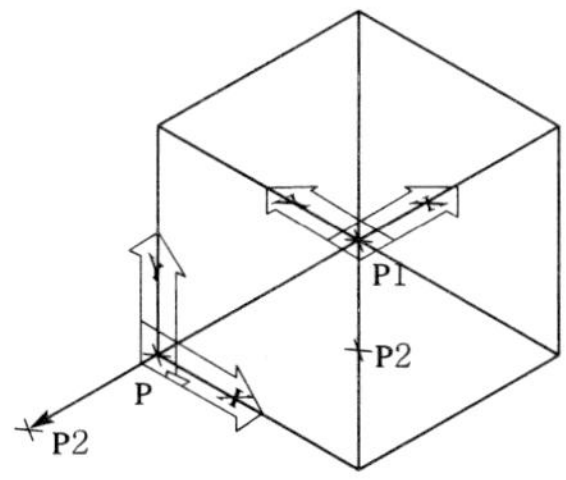

연습 1

각 면에 원을 긋고 각 방향으로 돌출시키는 방법으로 UCS 변형방법을 연습하고 방향감각을 익히는데 주안점을 둔다.

① 사각형을 (Rectangle) 그리고 두께를 둔다.

② 각 세로 면에 원(Circle)을 그린다.

③ 각 양의 방향으로 원을 돌출시킨다.

※ UCS변환과 방향 감각을 익힌다.

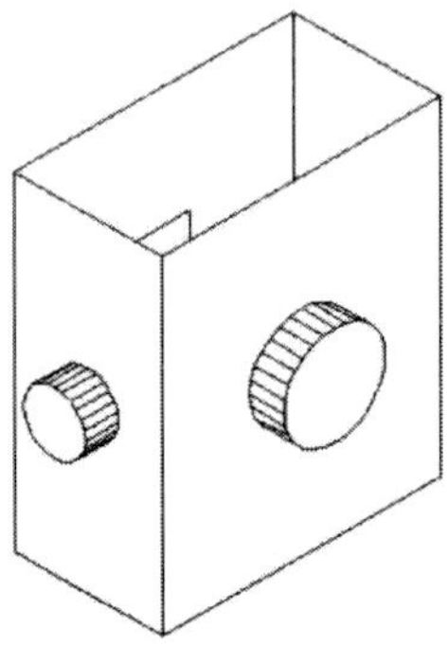

3. 3D View설정

아래의 첫째 그림은 3차원 솔리드 개체로 생성된 물체를 평면상에서 바라본 것이다. 평면상으로는 높이를 가지는 물체에 대한 사실적인 표현이 부족하므로 적절한 관찰 시점을 통하여 물체를 관찰해야 한다.

메인 메뉴 뷰(V)에서 3D 개체를 관점에 따라 바라볼 수가 있으며 개체의 특성이 잘 들어나는 관점을 선택하면 된다.

(1) 사용방법

① 풀다운 메뉴

풀다운 메뉴 → 뷰(V) → 3D뷰(3) → 각 관측점 선택

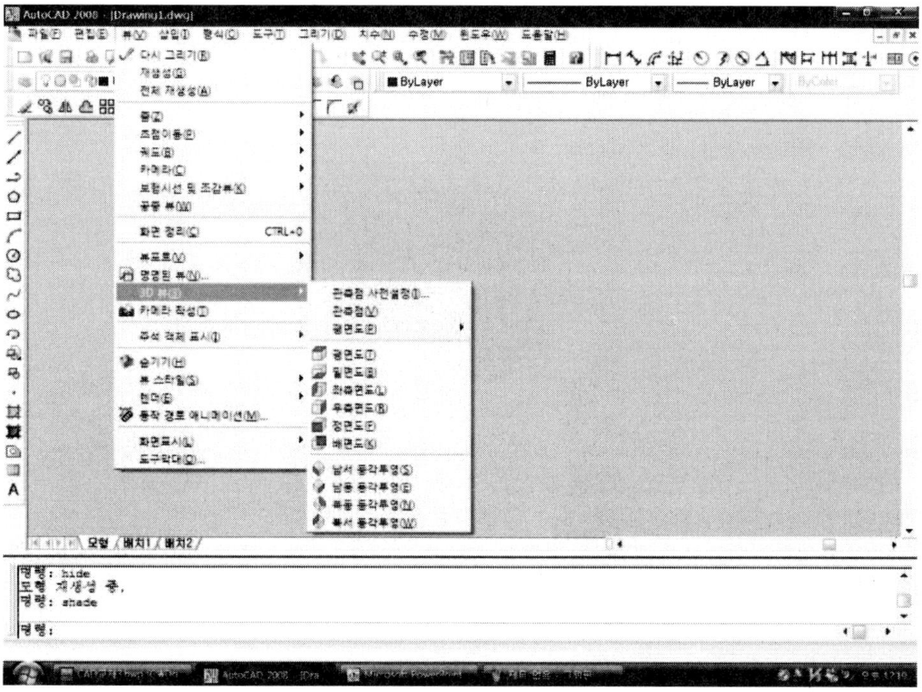

② 툴 사용방법

툴 메뉴 위에 마우스 커서를 두고 우 클릭 → 뷰 클릭 → 각 관측점 선택

(2) 3D View 사용 예

3차원 솔리드 개체를 평면(Plan View) 시점으로 본 것. (ViewDir=0.0,0.0,1.0)	3차원 솔리드 개체를 NE Isometric 시점으로 본 것. (ViewDir=1.0,1.0,1.0)
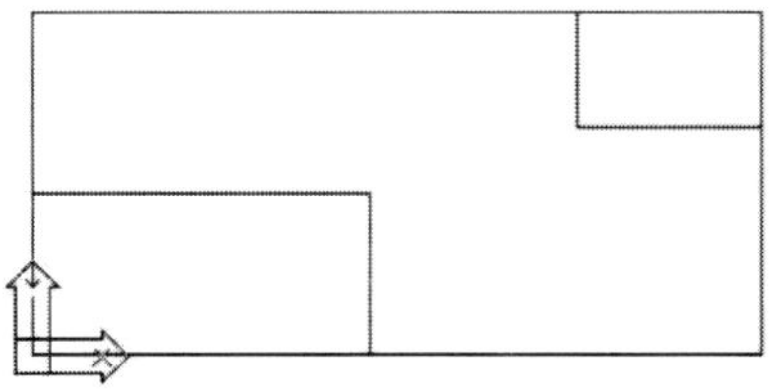	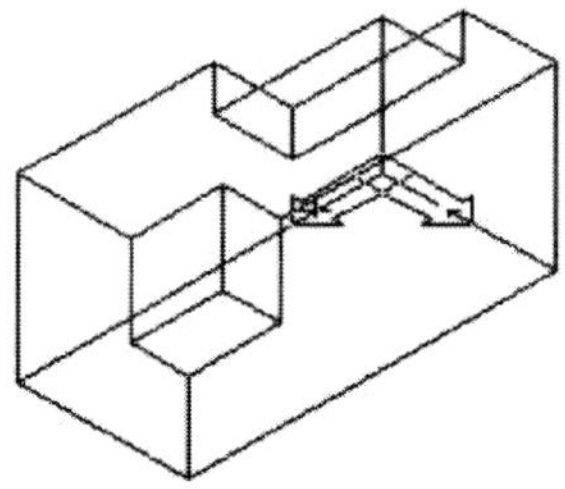

3차원 솔리드 개체를 북동등각 투영 뷰(N)로 바라보며 Shade 처리를 한 것. (ViewDir=1.0,1.0,1.0)

4. 뷰 포토(View ports) 설정

화면에 다양한 뷰(V)의 설정으로 여러 개의 뷰(V)를 띄워 놓을 수 가 있다. 즉 남서 등각투영(S), 남동 등각투영(E), 북동 등각투영(N), 북서 등각투영(W) 등 4개의 뷰(V)로 설정할 수가 있고 또는 평면도, 입면도, 투시도 등 3개의 뷰(V)로 설정이 가능하다. 작업하기에 편리한 뷰(V)의 설정으로 다양한 방향의 뷰(V)의 개체들을 보면서 작업할 수가 있다.

(1) 뷰 포토(V) 4개 설정

이 기능은 객체의 특징을 찾을 때 한 눈에 4개의 방향을 살필 수가 있어 매우 유용하며, 작업의 진행척도를 파악하는데 아주 좋다.

■사용방법

Main Manu → 뷰(V) → 뷰포토(V) 개수 선택 → 뷰(V) 설정할 영역에 마우스 커서로 클릭(선택) → 3D 뷰포토(V) → 설정

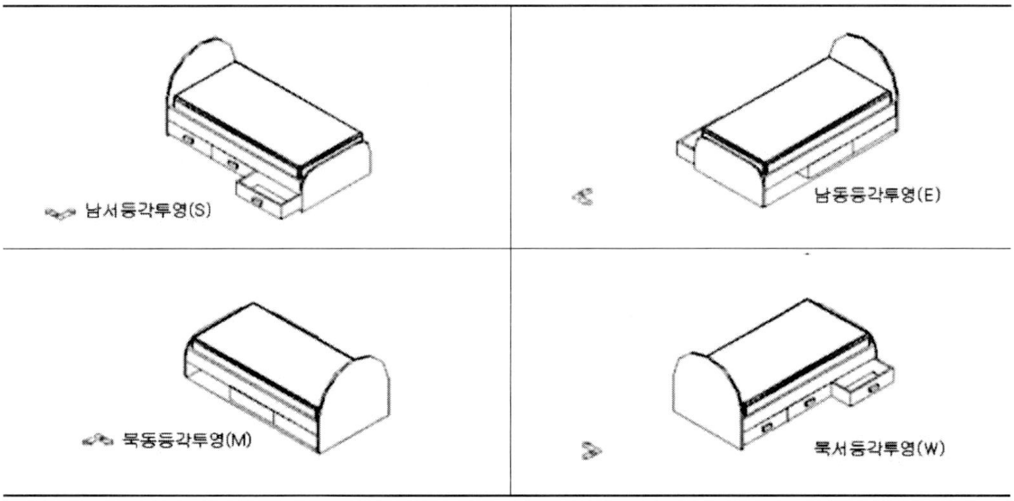

(2) 뷰포토(V) 3개 설정

모델링 작업에 있어 평면도와 입면도가 투시도상에서 표현되는 형상을 동시에 볼 수가 있어 작업에 있어 3개의 뷰포트가 아주 유효하다.

■결과

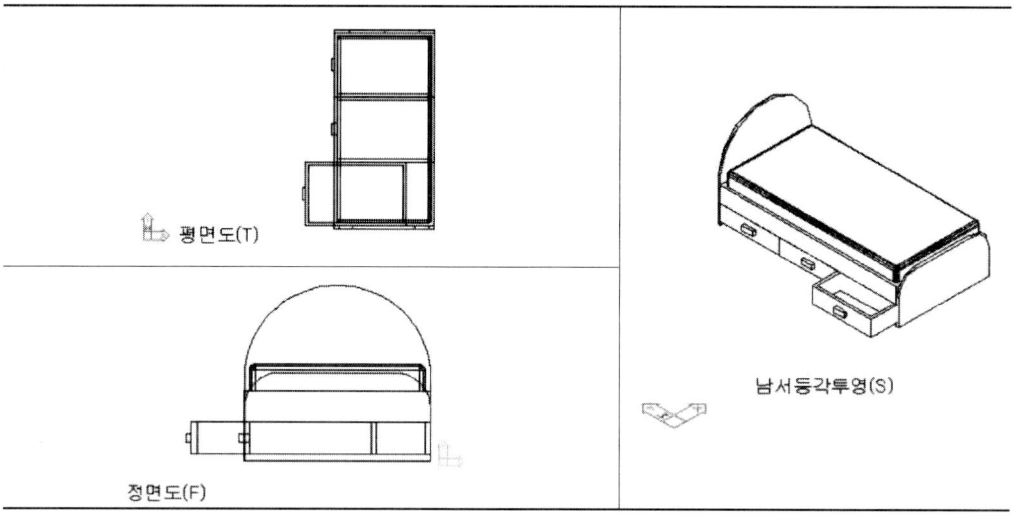

Chapter 02

3D 입체면과 솔리드 객체 만들기

3D 객체 만들기

3D 객체 만들기에는 입체면과 솔리드 형식이 있다. 3D 입체면 형식은 객체의 표면만 면처리되어 속이 텅 빈 경우가 되며, 3D 솔리드 형식은 속이 꽉 찬 객체가 만들어진다. 경우에 따라서 각기 유용한 형식의 방법이 사용되지만 건축에서는 대체로 솔리드형식이 많이 사용된다.

Lesson 01 3D Face 객체 만들기

3D 객체 만들기에 있어 가장 우선되는 작업은 항상 2D 평면도 작도이다. 2D 명령어로 작도된 평면도를 깔끔하게 정리한 다음, Line 명령어로 높이를 두어 골격을 만들고 3DFace 명령어로 면처리를 하면 된다.

1. 3D Face 만들기

① PL(Poly Line)로 평면작성
② VPOINT → L [↵] → @0,0,60 → COPY
③ 3DFACE [↵] → P1, P2, P3, P4 [↵] → P4, P5, P6, P1 [↵]
④ EDGE [↵] → P0 → HIDE

① PL(Poly Line)로 평면작성	② 골격 만들기(VPOINT → L ↵ → @0,0,60 → 반복)
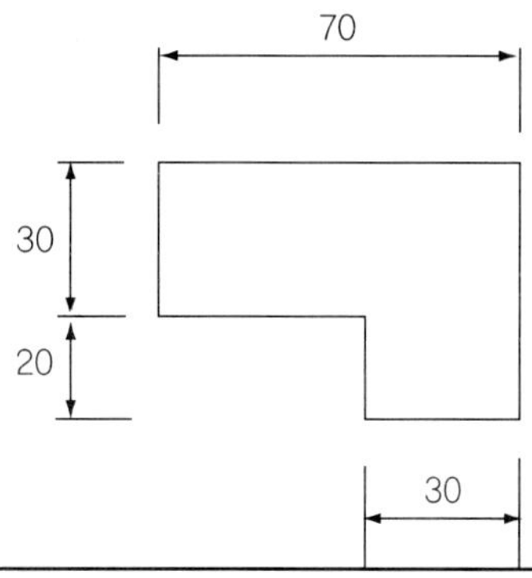	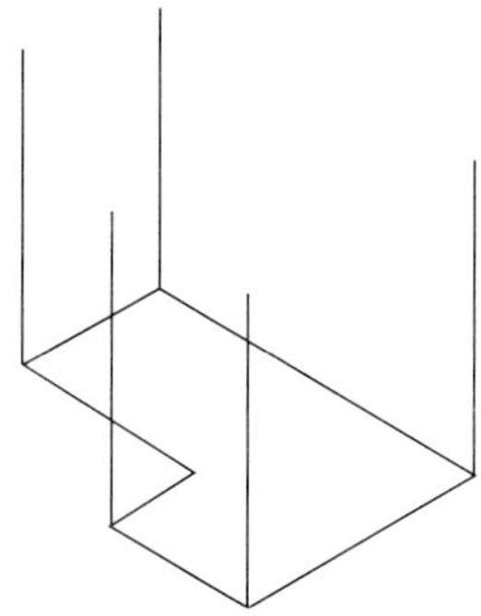

③ 아래 평면도를 Copy하여 올린다.	④ 면처리 (3DFACE ↵ → P1, P2, P3, P4 ↵ → P4, P5, P6, P1 ↵)
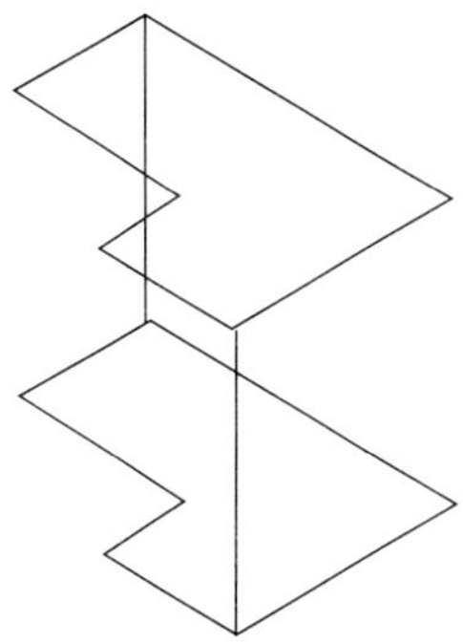	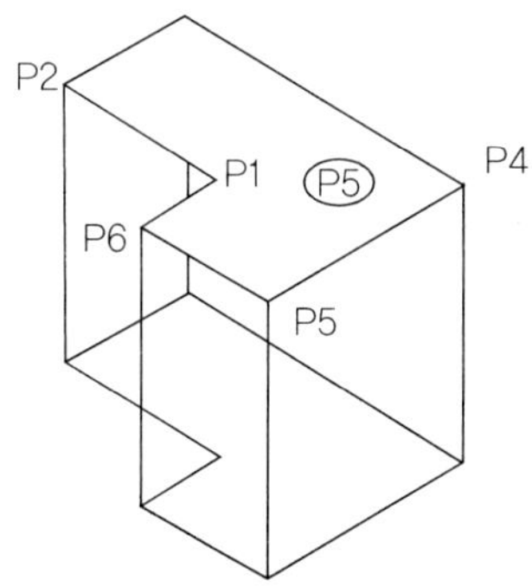

⑤ EDGE ↵ → P0 → HIDE

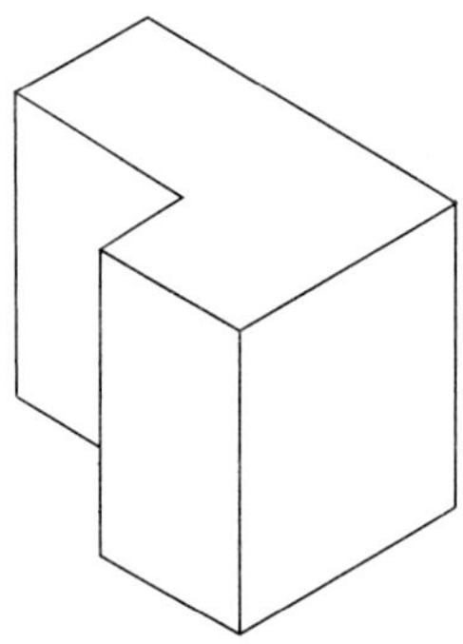

Lesson 02 Z축을 두께(CHPROP)로 객체 만들기

Z축으로 두께(CHPROP)를 두는 방법으로 모델링하는 경우는 3D Face 만들기의 경우와 달리 두께(높이 부분)의 부분은 면처리가 되지만 내부는 텅 빈 각재가 된다. 즉, 아주 가는 두께의 벽체가 Z축으로 만들어 지고 내부의 공간이 생기는 것과 같다.

1. 명령어 : CHPROP

2. 사용방법

① CHPROP ↵ → 객체 선택 : ↵
② 변경할 특성 입력 [색상(C)/도면층(LA)/선종류(LT)/선종류축척(S)/선가중치(LW)/두께(T)/재료(M)/주석(A)] : t
③ 새로운 두께을(를) 지정 〈0.0000〉 : 500
⑤ 변경할 특성 입력 [색상(C)/도면층(LA)/선종류(LT)/선종류축척(S)/선가중치(LW)/두께(T)/재료(M)/주석(A)] : ↵
⑥ 명령 : hide ↵
⑦ 윗부분 면처리 : 3DFACE (표면처리) ↵ → P1 → P2 → P3 → P4

① 명령어(CHPROP)를 실행한 결과	② 윗부분 면처리(3DFACE)
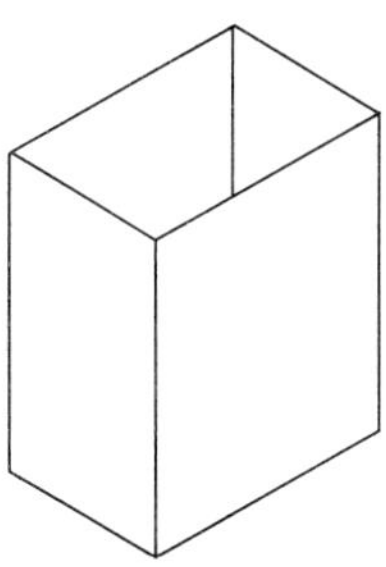	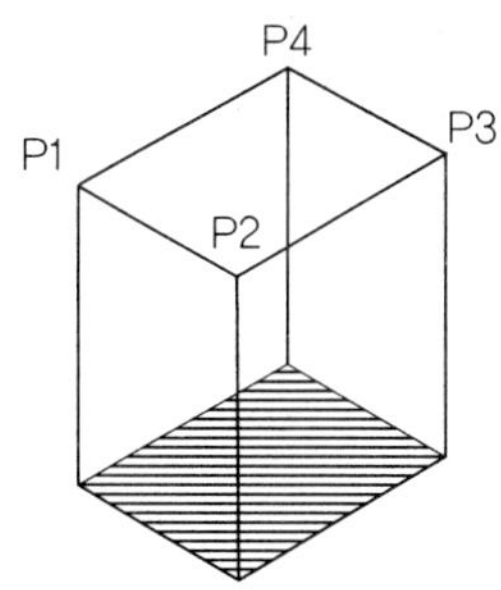

Lesson 03 EXTRUDE(돌출)로 객체 만들기

2D 도형에 Z축으로 돌출시키는 방법으로 3D를 형성케 하는 가장 일반적인 방법이다.

1. 방법1(Extrude, 돌출)

(1) 명령어

① Icon :
② 키보드 : Extrude
③ 풀다운 메뉴 : 수정(M) → 솔리드 편집(A) → 면 돌출(E)

(2) 사용방법

CIRCLE → EXTRUDE (단축키EXT) → P1선택 → 높이 ⏎ → HIDE ⏎

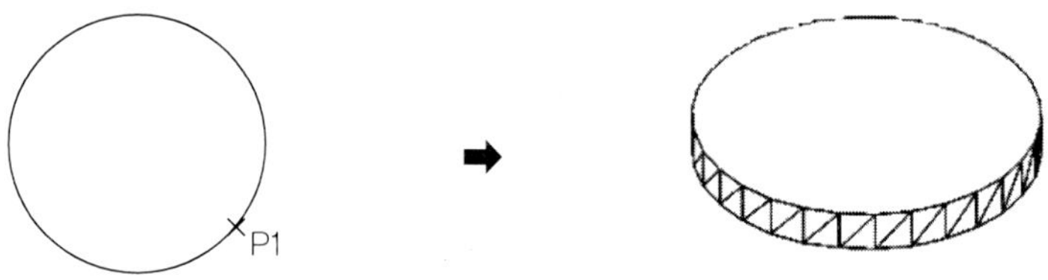

2. 방법2(Extrude → Path경로)

P2와 같이 경로의 선을 만들고 P1과 같은 도형을 작도한 다음, EXTRUDE 명령어의 Path을 선택하여 경로에 따라 솔리드가 형성되는 방법이다. 이때 모든 선(P1과 P2)은 반드시 Poly line 하나의 선으로 만들어야 한다.

① CIRCLE (2D상에서 P1작성) → PL (3D상에서 P2작성) → EXTRUDE (단축키EXT) → P1선택 ↵ → Path ↵ → P2선택 → HIDE ↵

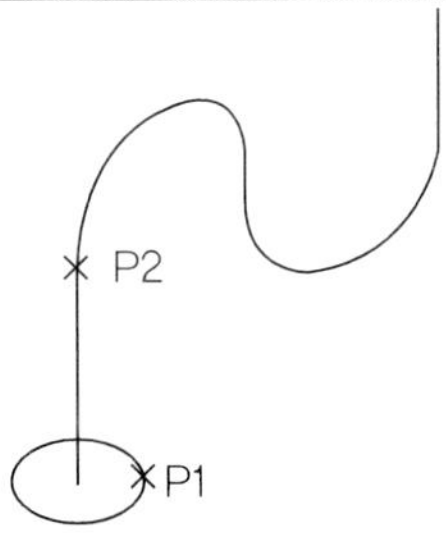

➡

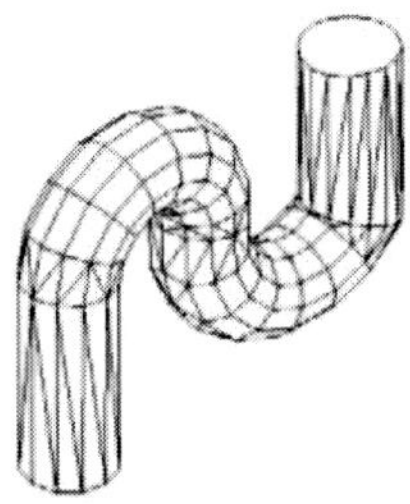

※ Path의 곡률이 원의 직경보다 커야한다.

Lesson 04 기타 솔리드 만들기

툴 메뉴 위에 마우스 커서를 두고 우측 클릭하고 모델링을 선택하면 모델링 Tool Bar가 오픈되고 다양한 솔리드를 선택하여 만들 수가 있다.

1. 폴리솔리드 [Polysolid( )]

길이와 높이만으로 간단하게 벽체를 형성할 수 있다.

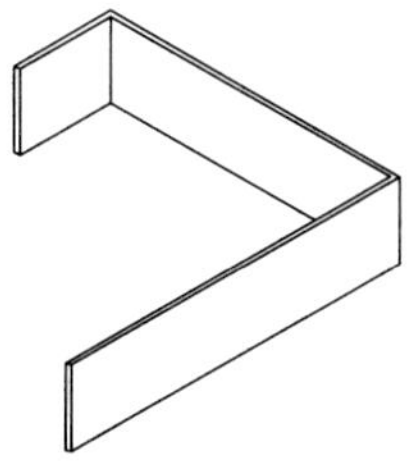

① 명령 : POLYSOLID ↵ 또는

② 다음 점 지정 또는 [호(A)/명령 취소(U)] : @100,0

③ 다음 점 지정 또는 [호(A)/명령 취소(U)] :

④ 명령 : hide

2. 상자 [Box( )]

밑면 사각형 크기와 높이 입력으로 간단하게 솔리드 작도가 가능하다.

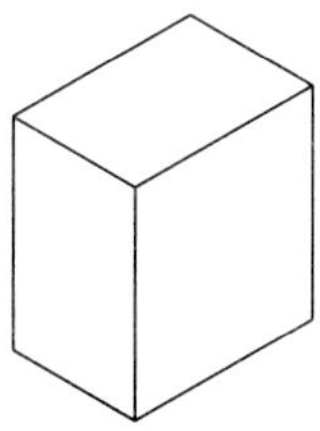

① 명령 : box ↵ 또는

② 첫 번째 구석 지정 또는 [중심(C)] :

③ 반대 구석 지정 또는 [정육면체(C)/길이(L)] :

④ 높이 지정 또는 [2점(2P)] :

⑤ 명령 : hide

3. 삼각기둥[Wedge( )]

사각형 밑면 크기 설정과 삼각기둥의 높이 설정으로 작도할 수가 있다.

① 명령 : _wedge
② 첫 번째 구석 지정 또는 [중심(C)] :
③ 반대 구석 지정 또는 [정육면체(C)/길이(L)] :
④ 높이 지정 또는 [2점(2P)] 〈200〉 :
⑤ 명령 : hide

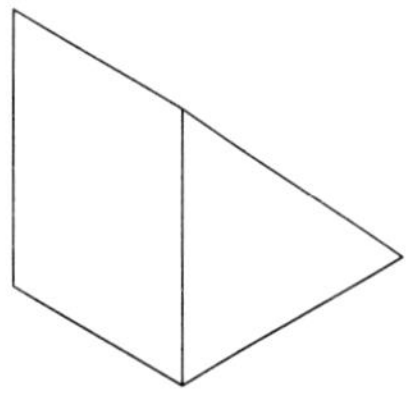

4. 원추[Cone( )]

원형 반경과 높이 설정으로 원추를 작도한다.

① 명령 : cone 또는
② 기준 중심점 지정 또는[3P(3P)/2P(2P)/Ttr(T)/타원형(E)] :
③ 기준 반지름 지정 또는 [지름(D)] :
④ 높이 지정 또는 [2점(2P)/축 끝점(A)/상단 반지름(T)] 〈200〉 :
⑤ 명령 : hide

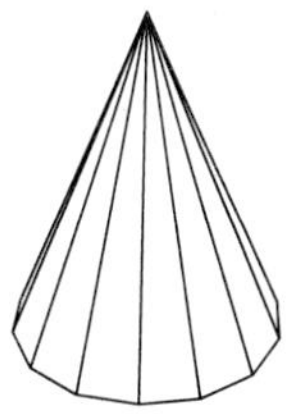

5. 구[Sphere( )]

구의 중심과 반지름 설정만으로 작도할 수가 있다.

① 명령 : sphere 또는
② 중심점 지정 또는 [3점(3P)/2점(2P)/Ttr-접선 접선 반지름(T)] :
③ 반지름 지정 또는 [지름(D)] 〈70.6283〉 :
④ 명령 : hide

6. 원통[Cylinder( )]

원의 중심과 반지름 그리고 높이 설정으로 원통의 기둥을 작도할 수가 있다.

① 명령 : Cylinder 또는
② 기준 중심점 지정[3P(3P)/2P(2P)/ 또는 Ttr(T)/타원형(E)] :
③ 기준 반지름 지정 또는 [지름(D)]〈98.0629〉 :
④ 높이 지정 또는 [2점(2P)/축 끝점(A)] 〈199.4734〉 : 100
⑤ 명령 : hide

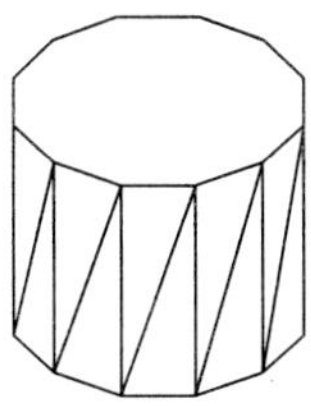

7. 토러스 [torus( )]

원의 중심과 반지름 그리고 높이 설정으로 원통의 기둥을 작도할 수가 있다.

① 명령 : torus 또는

② 중심점 지정 또는 [3점(3P)/2점(2P)/Ttr-접선 접선 반지름(T)] :

③ 반지름 지정 또는 [지름(D)] 〈45.1392〉 :

④ 튜브 반지름 지정 또는 [2점(2P)/지름(D)] 〈29.5185〉 :

⑤ 명령 : hide

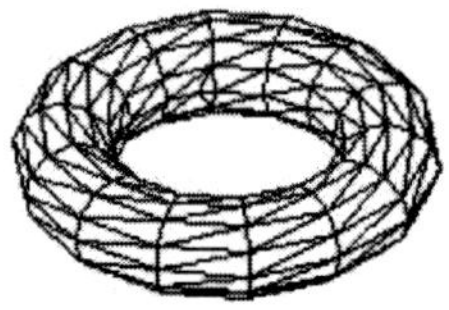

8. 피라미드 [pyramid( )]

사각형 기준점과 반지름 그리고 높이 설정으로 피라미드 솔리드를 작도할 수가 있다.

① 명령 : pyramid 또는

② 기준 중심점 지정 또는 [모서리(E)/변(S)] :

③ 기준 반지름 지정 또는 [내접(I)]〈65.0256〉 :

④ 높이 지정 또는 [2점(2P)/축 끝점(A)/상단 반지름(T)] 〈100.0000〉 :

⑤ 명령 : hide

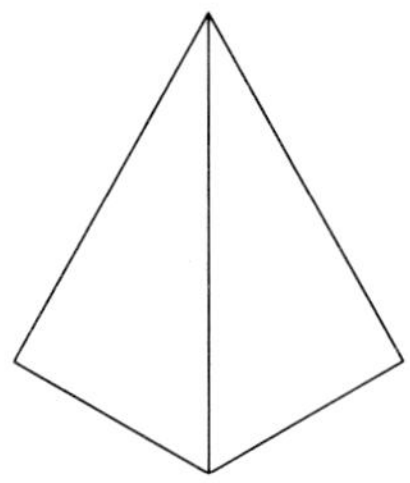

Chapter 03

3D 주요 편집 명령어 익히기

3D 편집 명령어

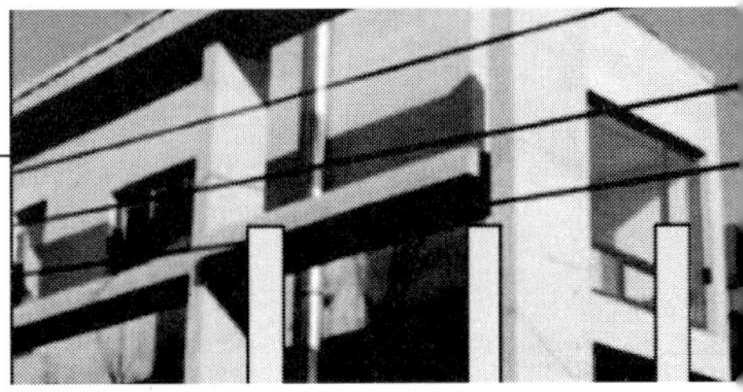

Lesson 01 편집 명령어

1. REVOLVE(회전 솔리드)

(1) 명령어

① Icon :

② 키보드 : Revolve

③ 풀다운 메뉴 : 수정(M) → 솔리드 편집(A) → 면 회전(A)

(2) 사용방법

2D상에서 Polyline(PL)으로 P1작성 및 회전 축 라인 작성(P2,P3) → REVOLVE (REV) ↵ → P1선택 ↵ → P1과 P2 선택 → 회전각도 입력 ↵ → HIDE ↵

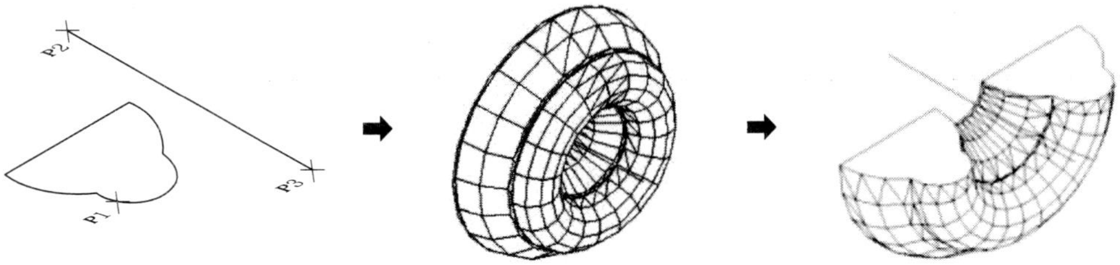

2. 모깎기와 모따기

2D에서 사용하였든 모따기를 3D에서도 거의 같은 방법으로 사용 가능하다.

(1) 원형 모깎기

① 키보드 : Fillet
② 사용방법

BOX (2D상에서 직사각형 작성)→ EXTRUDE (단축키EXT) → FILLET ↵ → 반경 결정 ↵ → P1선택 ↵ → P2, P3 선택 ↵ → HIDE ↵

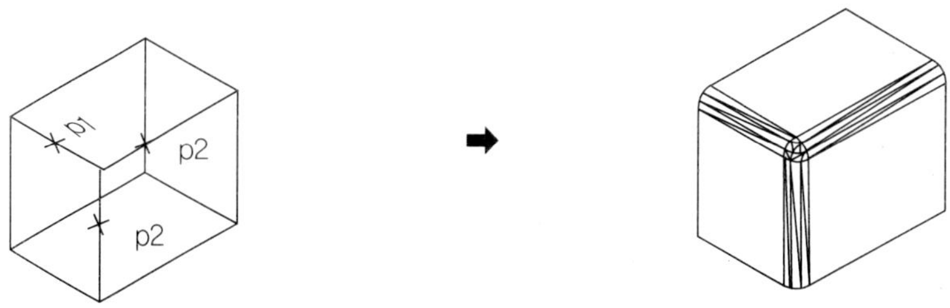

(2) 직선 모따기

① 키보드 : Chamfer
② 사용방법

CHAMFER ↵ → P1선택 ↵ → 10 ↵ → 5 ↵ → P1선택 ↵ → P1 선택 → HIDE ↵

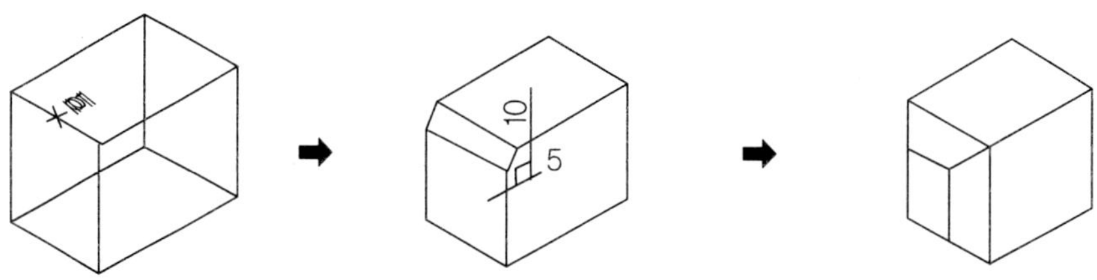

3. SOLIDEDIT(솔리드편집)

(1) 명령어

① 키보드 : Solidedit
② 풀다운메뉴 → 수정(M) → 솔리드편집 → 선택
③ 툴바 아이콘 위에 마우스 커서 두고 우 클릭 → 솔리드편집 → Tool Bar 오픈

(2) 추가해설

① ② ③ ④ ⑤ ⑥ ⑦ ⑧ ⑨ ⑩ ⑪ ⑫ ⑬ ⑭ ⑮

① Face/Extrude faces(솔리드 면 돌출)

① ①번 툴 클릭
② 솔리드 윗면 클릭(P1)
③ P2 클릭
④ P3 클릭

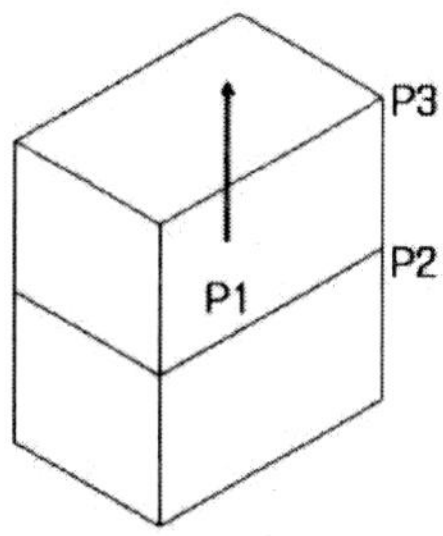

② Face/Move faces(면 이동)

① ②번 툴 클릭
② 솔리드 윗면 클릭(P1)
③ P2 클릭
④ P3 클릭

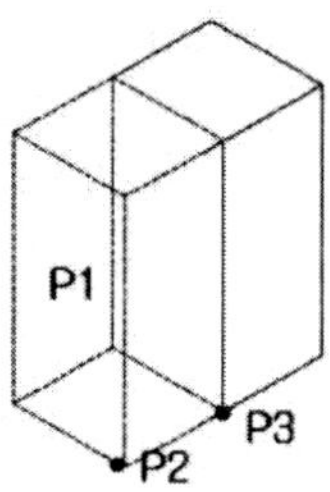

③ Face/Offset faces(면 간격 띄우기)

① ③번 툴 클릭
② 솔리드 면 클릭(P1)
③ 간격 입력(100)

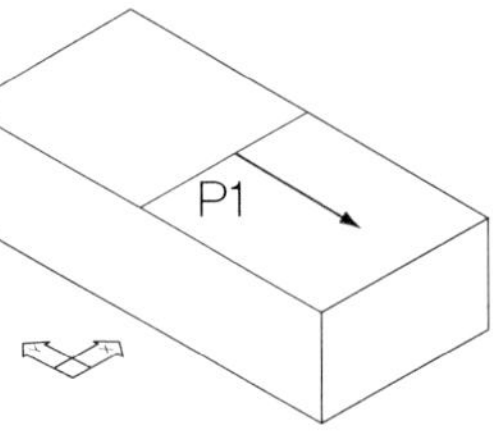

④ Face/Delete faces(솔리드 면 지우기)

⑤ Face/Rotate faces(솔리드 면 회전)

① ⑤번 툴 클릭
② 솔리드 면 클릭
③ 축 점 지정 : x
④ 회전 원점 지정 〈0,0,0〉 :
⑤ 회전 각도 지정 또는 [참조(R)] : −45

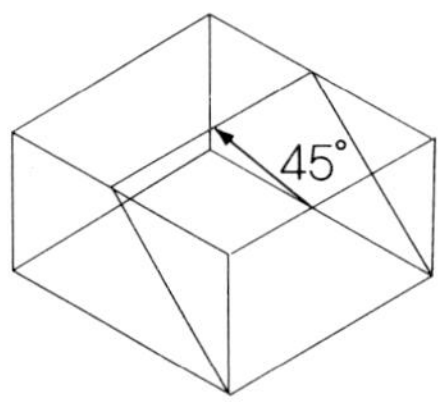

⑥ Face/Taper faces(솔리드로 생성된 면을 기준으로 하여, 모서리 부분을 점점 가늘어지거나 넓어지도록 만드는 명령어)

① ⑥번 툴 클릭
② 솔리드 면 클릭(P1)
③ P2 클릭
④ P3 클릭
⑤ 각도:10 ↵

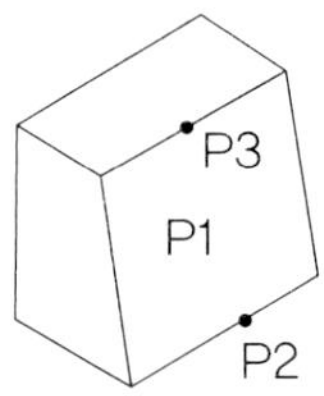

⑦ Face/Copy faces(솔리드 면 복사)

① ⑦번 툴 클릭
② 솔리드 면 클릭(P1)
③ P2 클릭
④ P3 클릭
⑤ hide ↵

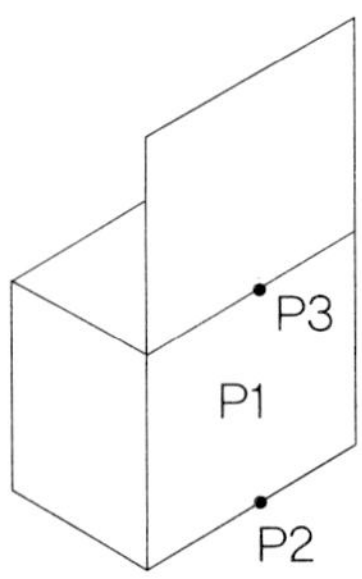

⑧ Face/Color faces(솔리드 면 색상 입히기)

① ⑨번 툴 클릭
② 면 클릭(P1)
③ 색상 선택

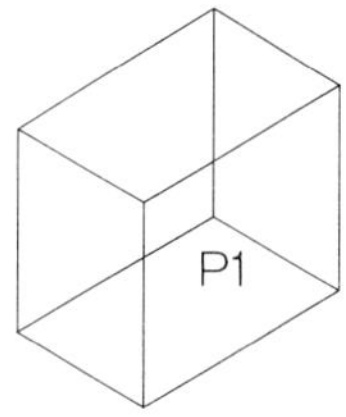

⑨ Edge/Color Edges(솔리드 모서리 색상 입히기)

⑩ Edge/Copy Edges(솔리드 모서리 복사)

① ⑩번 툴 클릭
② 모서리 클릭(P1)
③ P2 클릭
④ P3 클릭

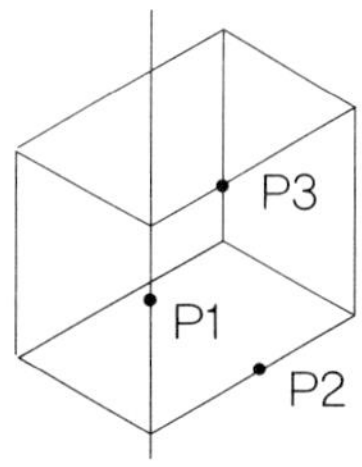

⑪ Body/Imprint(각인, 솔리드 흔적 남기기)

⑫ Body/Clean(솔리드 흔적 지우기)

⑬ Body/Separate(솔리드 분리하기)

⑭ Body/Shell(솔리드 외형생성)

⑮ Body/Check(솔리드 검사)

4. REGION(영역)

Region 명령어로 영역 처리함으로써 닫힌 폴리선, 선, 곡선 등이 될 수가 있어, 곧바로 Extrude 모델링할 수가 있다.

(1) 명령어 : 키보드 : Region

(2) 사용방법

① 2D 명령어로 개체작도
② 명령어 : region ↵ → 크로스선택 또는 윈도우선택
③ union ↵ → 크로스선택 또는 윈도우선택
④ Extrude ↵ → 높이입력(100)

2D상에서 작성	REGION → UNION	EXTRUDE

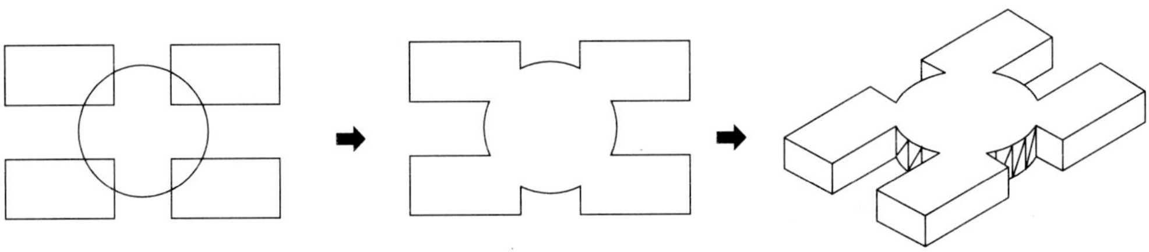

5. SLICE(솔리드 자르기)

객체를 소정을 방향으로 자르기를 할 수가 있어 단면도를 표시할 때 유효하게 사용할 수가 있으며, 부분적 특정부분을 입체적으로 나타낼 때 유효하다.

(1) 명령어

① 키보드 : Slice
② 풀다운 메뉴 : 수정(M) → 3D작업(3) → 슬라이스(S)

(2) 사용방법

① Slice ↵ → 객체선택 ↵ → 3P ↵ → P1선택 → P2 선택 → P3 선택 ↵ → P5 선택 → HIDE ↵

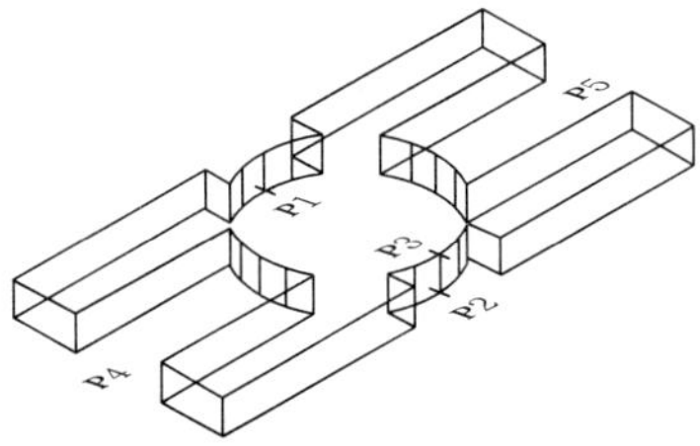

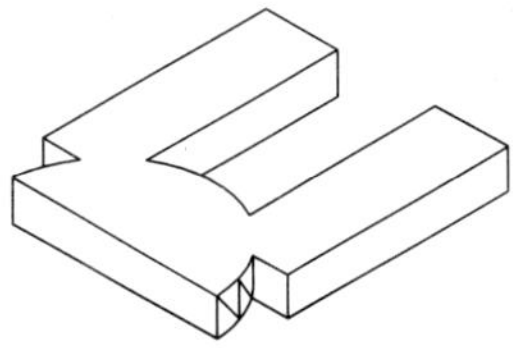

※ P4를 선택하면 자른 면의 반대방향으로 보게 된다.

6. 3차원 공간상의 객체 정렬(3DARRAY)

(1) 명령어

① 키보드 : 3DArray
② 풀다운 메뉴 : 수정(M) → 3D작업(3) → 3D배열(3)

(2) 사용방법

① 사각 다중정렬 복사

3DARRAY ↵ → 객체선택 → Rectangular/Polar(R선택) ↵ → 행의개수 입력 : 3 ↵ → 열의개수 입력 : 4 ↵ → 레벨 수(Z축) 입력 : 3 ↵ → 행과행사의 간격을 설정 : 100 ↵ → 열과 열사이의 간격 입력 : 100 ↵ → 레벨사이 거리(Z축간 거리)입력 : 150 ↵

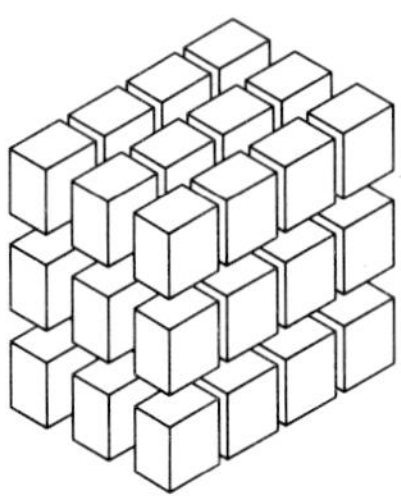

② 원형 다중정렬 복사

UCS변환 → P1의 객체 작도 → p2의 원형 작도 → 원의 중심점에서 p3, p4의 Z축의 선을 긋는다.

3DARRAY ↵ → 객체선택 ↵ → 배열유형입력 : 원형(P) ↵ → 배열 항목 수 입력 : 9 ↵ → 채우기 각도 입력 : 360 ↵ → 배열된 객체를 회전 여부 : 회전 ↵ → 배열의 중심점 지정 : p3 클릭 → 회전축 상의 두 번째 점 지정 : p4 클릭 → 명령 : hide ↵

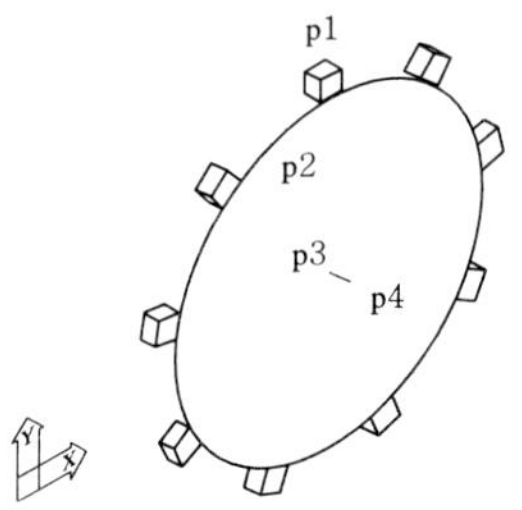

7. MIRROR3D[대칭이동]

대칭이동을 한 아래의 그림처럼 도형의 일부를 작도하여 3D복사 이동을 통하여 도형 전체를 완성하거나 또는 대칭으로 이동하는데 적절한 명령어다.

(1) 명령어

① 키보드 : Mirror3D
② 풀다운 메뉴 : 수정(M) → 3D작업(3) → 3D대칭(D)

(2) 사용방법

MIRROR3D ↵ → 객체선택 ↵ → 3P ↵ → P1,P2,P3 선택 ↵ → N ↵

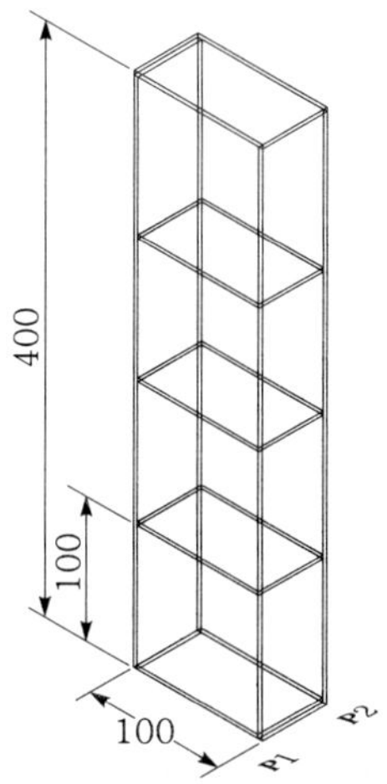

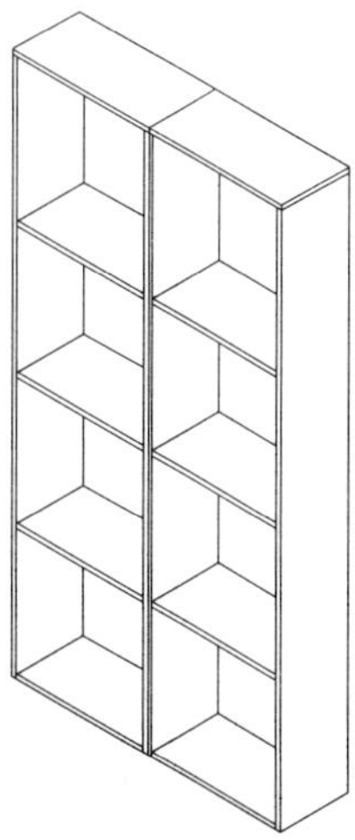

8. ROTATE3D[회전]

(1) 명령어

① 키보드 : Rotate3D
② 풀다운 메뉴 : 수정(M) → 3D작업(3) → 3D회전(R)

(2) 사용방법

ROTATE3D ↵ → 객체선택 ↵ → X ↵ → P1 선택 ↵ → 회전각도 : -90 ↵

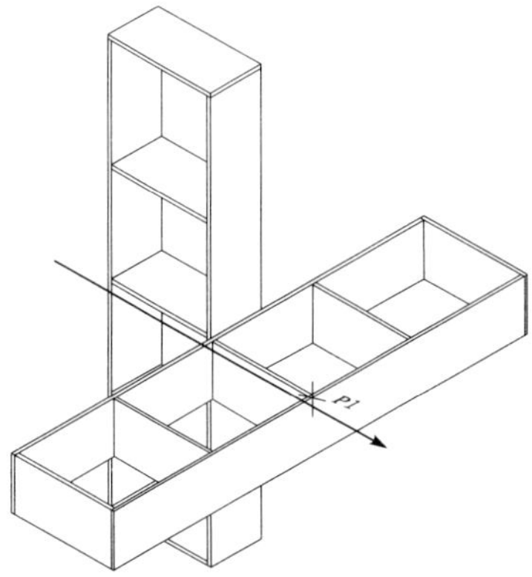

9. ALIGN [이동 붙이기]

(1) 명령어

① 키보드 : Align
② 풀다운 메뉴 : 수정(M) → 3D작업(3) → 3D정렬

(2) 사용방법

ALIGN ↵→ 이동 객체선택 ↵→ P1과P2, P3와 P4선택 ↵→ N ↵→ HIDE ↵

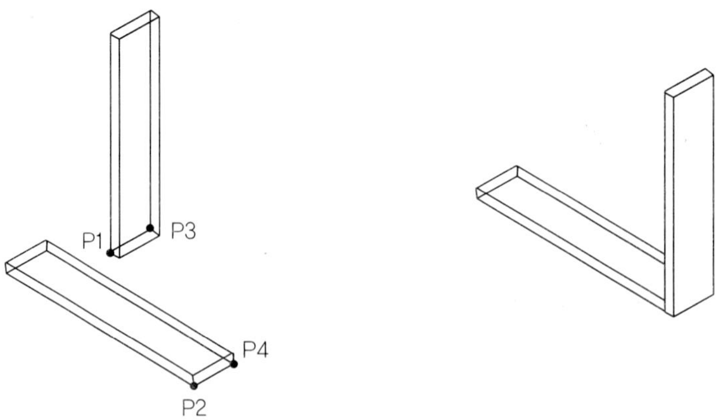

Lesson 02 기타 명령어

1. HELIX [나선]

(1) 명령어

① 키보드 : Helix
② 풀다운메뉴 → 그리기(D) → 나선(I)
③ 툴바 아이콘 위에 마우스 커서 두고 우 클릭 → 모델링 → Tool Bar 오픈 → 선택

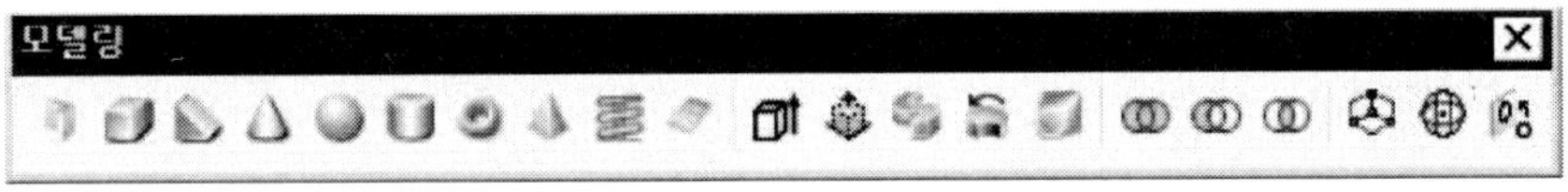

(2) 사용방법

① 명령 : Helix ↵
② 기준 중심점 지정:
③ 기준 반지름 지정 또는 [지름(D)] ⟨150⟩(하단원의 반지름):
④ 상단 반지름 지정 또는 [지름(D)] ⟨100⟩:
⑤ 나선 높이 지정 또는 [축 끝점(A)/회전(T)/회전 높이(H)/비틀기(W)] ⟨150⟩:

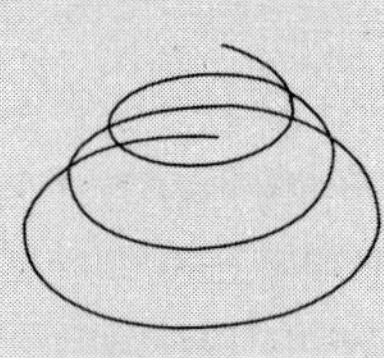

2. 3D Mesh [표면 생성]

3차원 공간에 표면을 생성하는 방법으로서 Mesh의 Vertex를 직접 입력하여 작성한다. Y축 방향으로의 쟁점 개수 M과, X축 방향으로의 정점 개수 N을 지정한 후 각 정점의 좌표를 입력하는 순서로 진행하고, 미리 계획과 스케치를 해 보고 실시하는 것이 바람직하다.

(1) 명령어 : 키보드 : 3DMesh

(2) 사용방법

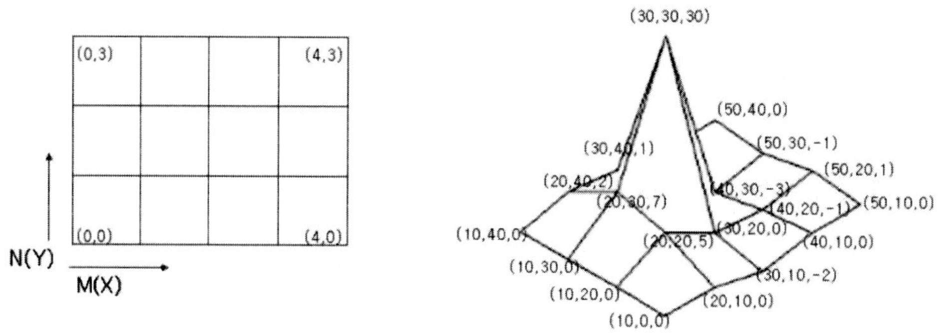

* 명령 : 3dmesh
* M 방향에서 메쉬 크기 입력 : 5
* N 방향에서 메쉬 크기 입력 : 4
* 다음 정점에 대한 위치 지정(0, 0) : 10,10,0
* 다음 정점에 대한 위치 지정(0, 1) : 10,20,0
* 다음 정점에 대한 위치 지정(0, 2) : 10,30,0
* 다음 정점에 대한 위치 지정(0, 3) : 10,40,0
* 다음 정점에 대한 위치 지정(1, 0) : 20,10,0
* 다음 정점에 대한 위치 지정(1, 1) : 20,20,5
* 다음 정점에 대한 위치 지정(1, 2) : 20,30,7
* 다음 정점에 대한 위치 지정(1, 3) : 20,40,2
* 다음 정점에 대한 위치 지정(2, 0) : 30,10,-2
다음 정점에 대한 위치 지정(2, 1) : 30,20,0
다음 정점에 대한 위치 지정(2, 2) : 30,30,30
다음 정점에 대한 위치 지정(2, 3) : 30,40,1
다음 정점에 대한 위치 지정(3, 0) : 40,10,0
다음 정점에 대한 위치 지정(3, 1) : 40,20,-1
다음 정점에 대한 위치 지정(3, 2) : 40,30,-3
다음 정점에 대한 위치 지정(3, 3) : 40,40,0
다음 정점에 대한 위치 지정(4, 0) : 50,10,0
다음 정점에 대한 위치 지정(4, 1) : 50,20,1
다음 정점에 대한 위치 지정(4, 2) : 50,30,-1
다음 정점에 대한 위치 지정(4, 3) : 50,40,0
* 명령 : hide

1. 연습(침대)

RECTANGLE → @105,204 UCS→ZAxis=P1,P2	RECTANGLE → @105,100 CIRCLE→P1,P2,P3	PEDIT→Join EXTRUDE=-3
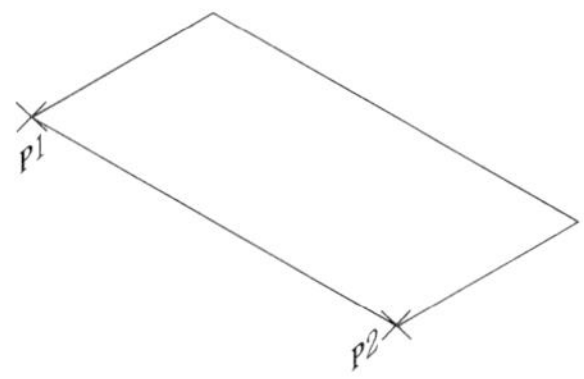	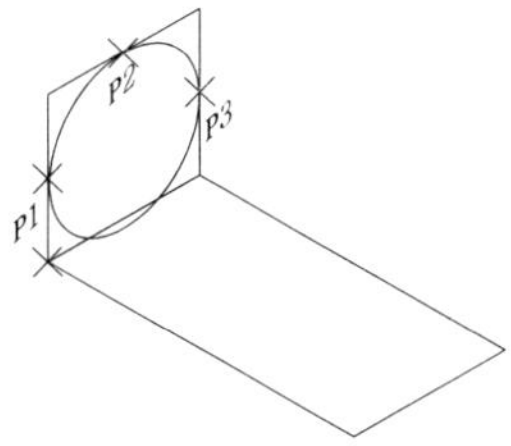	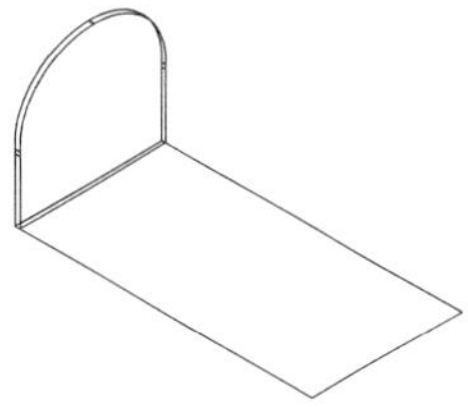

RECTANGLE → @1050,50 EXPLODE→FILLET, PEDIT EXTRUDE=3	UCS→World MOVE→@0,0,40	EXTRUDE=-36 OFFSET=3 LINE
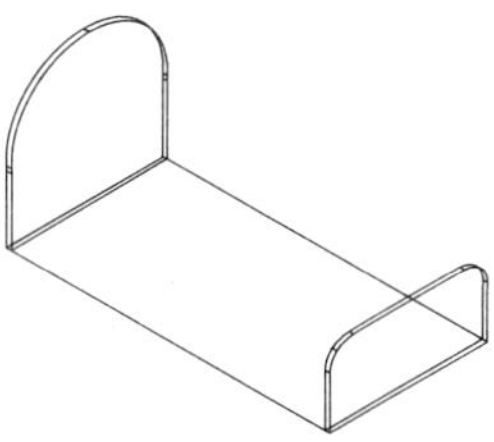	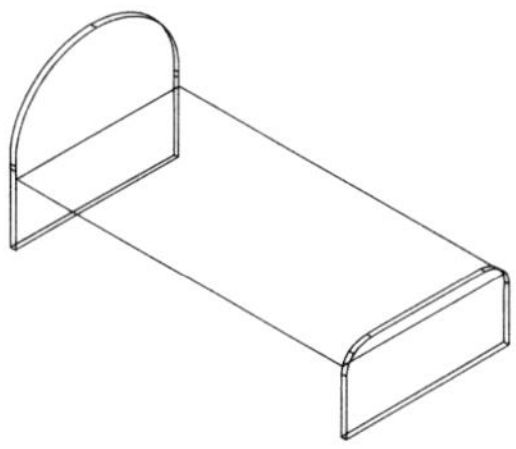	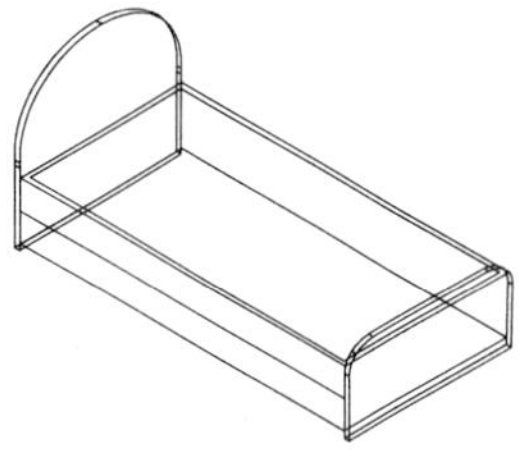

EXTRUDE=15 FILLET=3.5 → P1,P2,P3 UCS → 3P	서랍 손잡이는 만든다.	완성
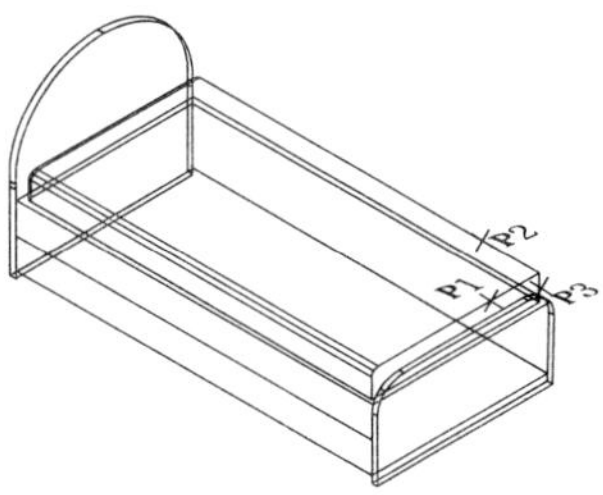	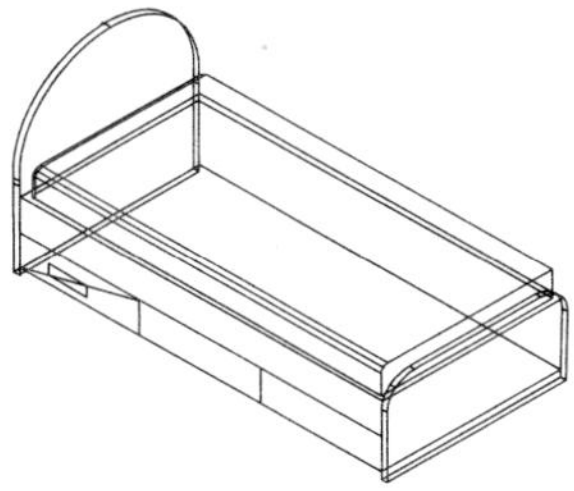	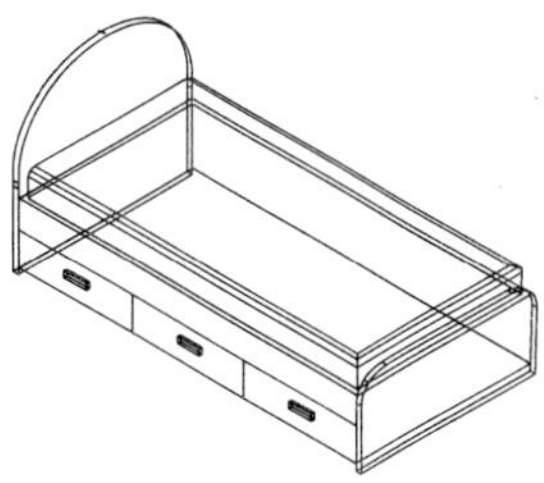

※ 서랍부분을 Extrude하여 Solid로 작도하는 방법도 좋다.

2. 연습(세면기)

Rectangle(@45,16) fillet(R=2)	Extrude(H=55.8) UCS(3P)→P1,P2,P3	Rotate→base=P2→-90도
	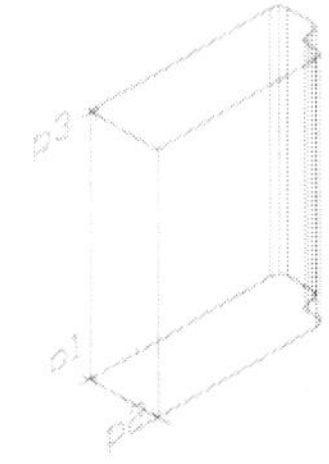	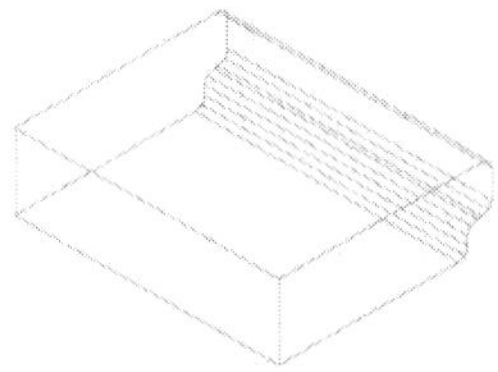

UCS→World좌표 Circle(R=15)	Extrude(H=200) Move(@0,0,-7.6)	Subtract
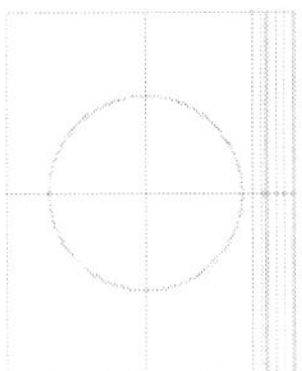	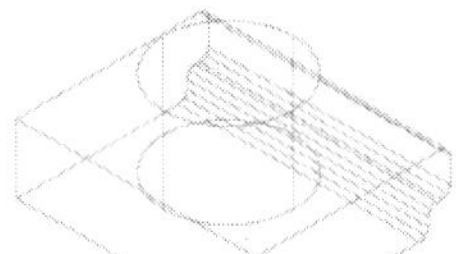	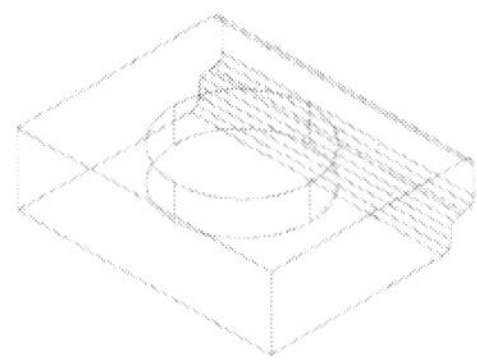

UCS Fillet(R=2, R=5)	Rectangle(L=20,W=5,H=3) Circle(R=2,)→Taper angle(1)	Box로 두 개를 그리고, Line으로 선을 긋고, 3DFace
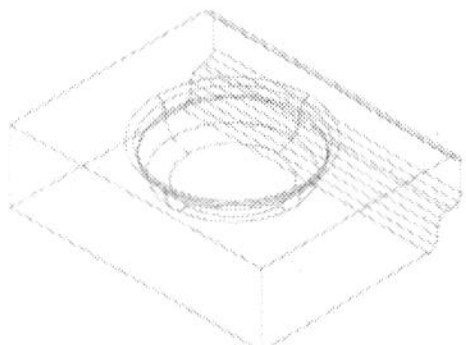	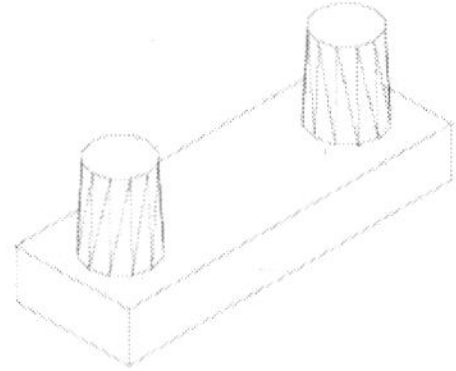	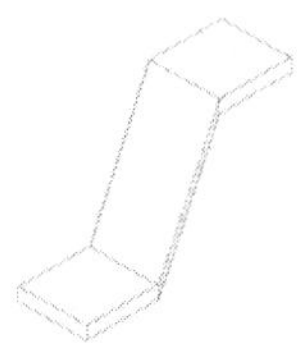

수도꼭지와 밸브 조립
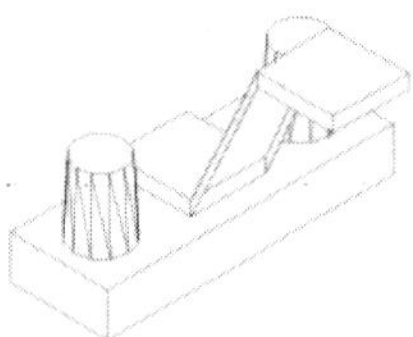 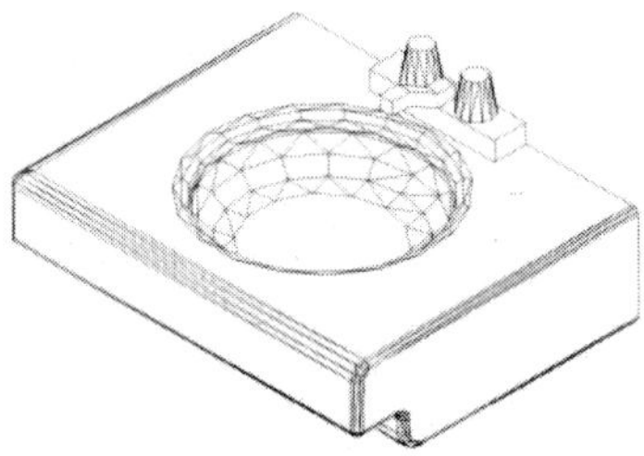

3. 연습(테이블)

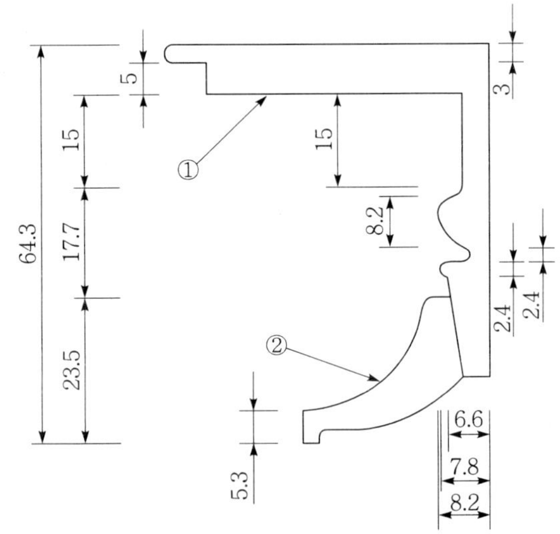

테이블

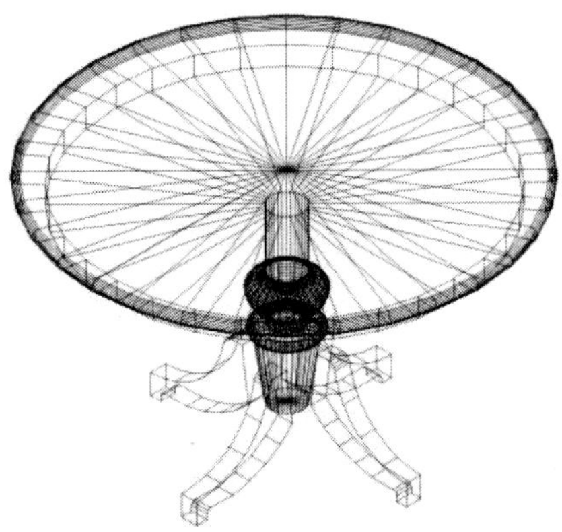

정면도

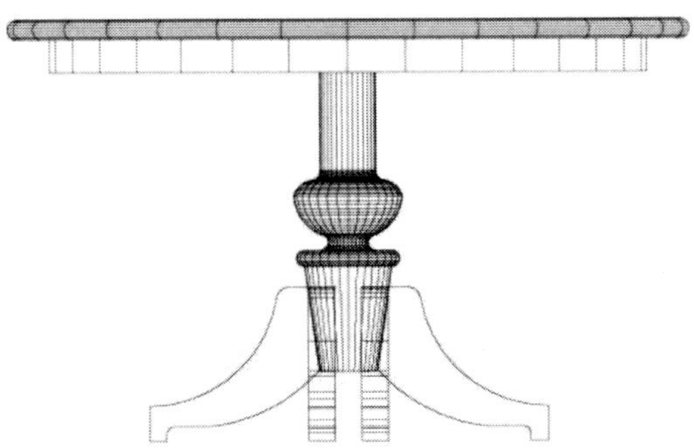

상공투시도

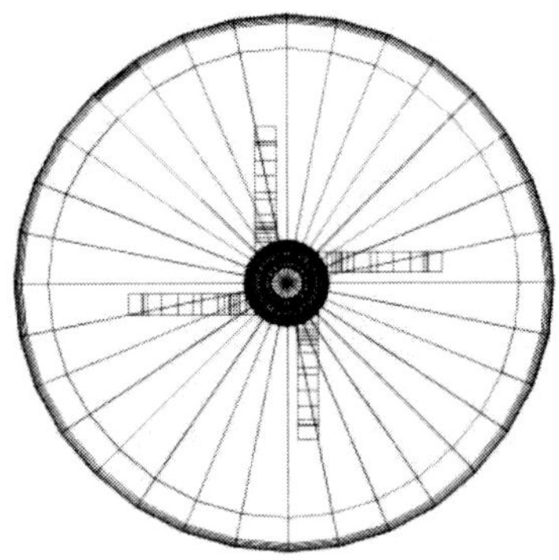

LINE(그림1의 ①을 그린다.), PEDIT(JOIN으로 연결시킨다.) → LINE(그림1의 ②를 그린다.), PEDIT(JOIN으로 연결시킨다.) → 그림①과 ②를 붙인다. →VPOINT, REVSURF(Surftab1=32, Surftab1=12)의 명령어로 그림①을 360도로 회전시킨다. → 그림②를 EXTRUDE(H=4) → UCS(P1,P2), PLAN → MOVE(@20<-90) → VPOINT, UCS(Zaxis=P1,P2, ARRAY → UCS(Zaxis=P1,P2) → PLAN, ROTATE(Angle=-90) → VPOINT → HIDE

Chapter 04

총정리 3D 모델링 따라하기

3D 모델링 따라하기

1. 평면도 정리 및 폴리선 긋기

① 2D 도면 정리 : Mapping을 고려한 레이어 정리(불필요한 것은 삭제)

② 2D평면도의 모든 선들을 두께로 올릴 수 있도록 PL선으로 덧대어 선을 긋는다.

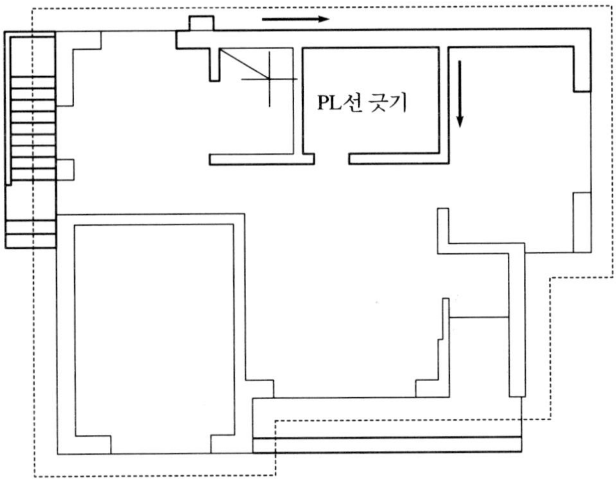

2. 벽선 모델링

① 바닥표면부분을 기준으로 바닥과 테라스부분을 먼저 아래로 두께를 준다.

② 벽체 선을 위로 소정의 두께(3000)로 올린다.

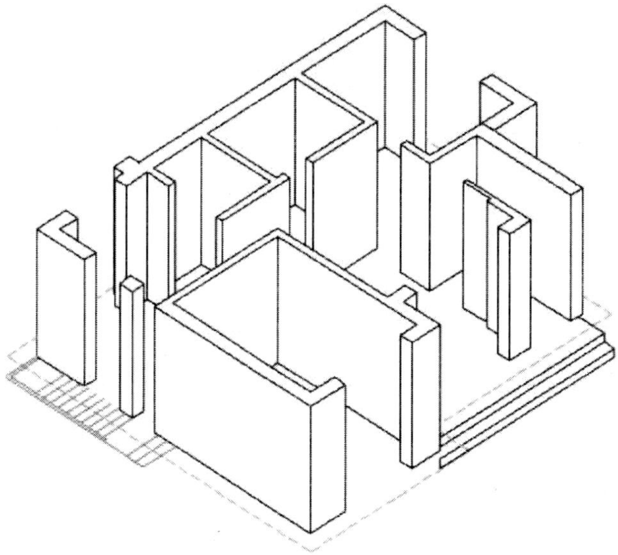

3. 창문설치

① 벽체정리 및 창문설치 방법

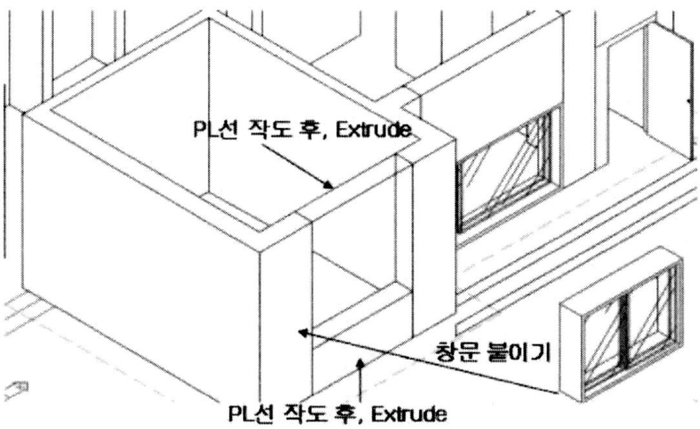

② 벽체정리(Union)

A벽체와 B벽체를 하나의 벽체로 합쳐(Union)서 정리한다.

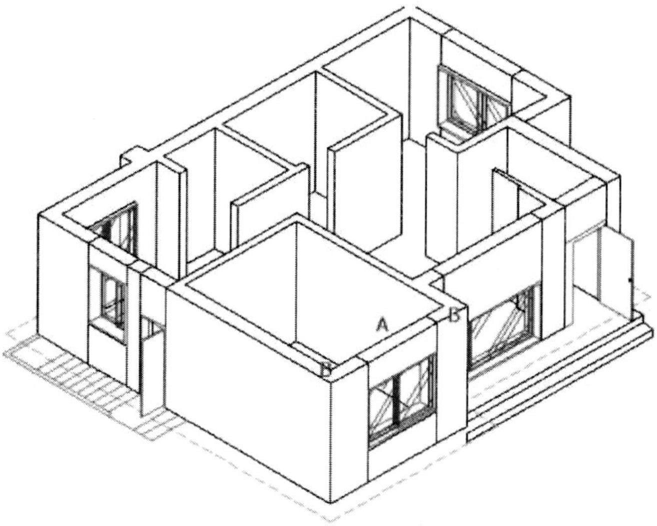

4. 계단 만들기

① 계단부분 PL선으로 묶기

계단하나하나 그리고 난간부분을 PL선으로 묶고 Copy해서 2D선을 폴리나인으로 만든다.

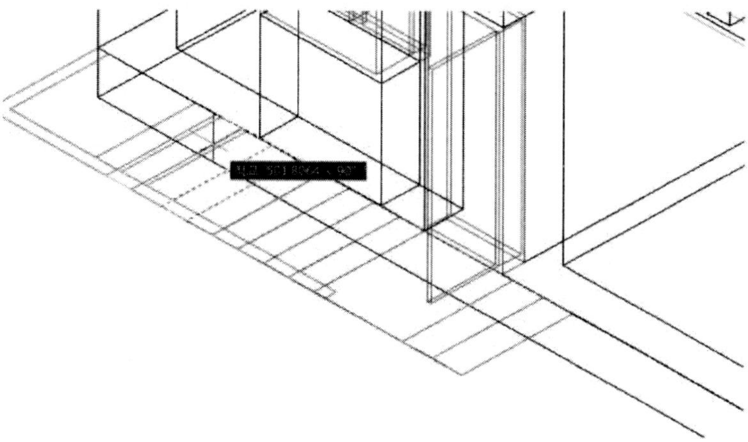

② 계단 만들기

계단 하나하나를 Extrude하여 소정의 높이까지 올리고 전부 Union하여 합친다.

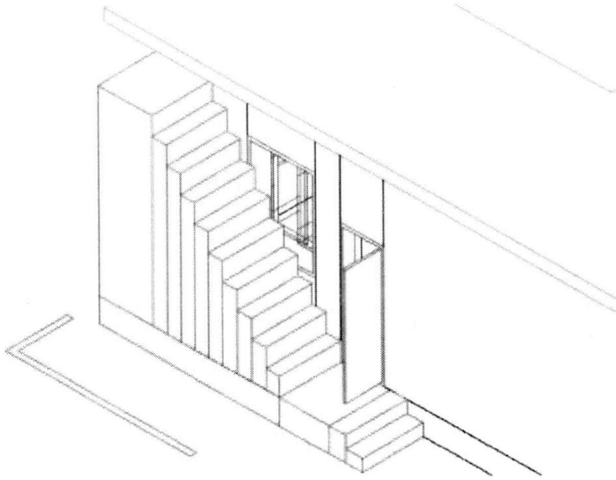

③ 난간 만들기

UCS를 정면 방향으로 세우고 원(난간 손잡이)을 그리고 Extrude → Path 경로 선택

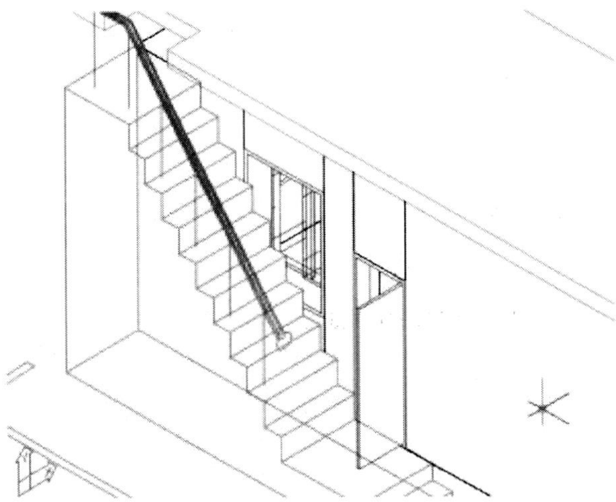

④ 계단 및 슬래브(지붕) 작도

5. 박공지붕 작도

계획한 투시도를 적절하게 모델링하여 표현하기 위해서는 하나하나 Layer를 설정하여 다양한 형태, 재질감 그리고 어느 정도의 볼륨감이 절대적으로 필요하므로 3D 모델링할 부분과 Photo Shop할 부분을 철저하게 구분 계획하여 작업의 효율성을 꾀해야 할 것이다.

(1) 지붕형태 만들기

① 박공지붕 높이만큼 Z방향으로 긋는다(1800).
② UCS 변환 → x축으로 90도 세우고 Y축으로 −90도 회전한다.
③ PL선으로 삼각형을 만든다.
④ Offset(200) 하여, 박공지붕 측면부분을 만들기 위해 준비한다.
(※ 측면 재질을 따로 고려할 뒷 작업을 위해 Copy하여 여백에 둔다.)
⑤ Copy 이동하고, ⑥번처럼 선을 긋고 Extrude → Path 경로 선택하여 작도한다.

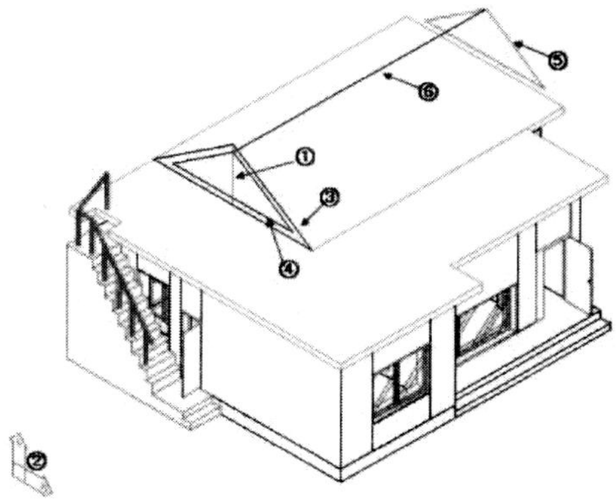

(2) 박공지붕 측면정리

① 미리 여백에 Copy해 둔 삼각형(윗 그림 ④번)을 박공지붕의 측면을 볼륨감 있게 모델링하기위해, Extrude → Subtract하여 측면을 파냄

② 측면 안쪽부분(Subtract하여 파낸 부분)을 면처리하여 새 레이어 설정(박공 측면부분을 다른 재질로 Mapping하기 위한 작업)

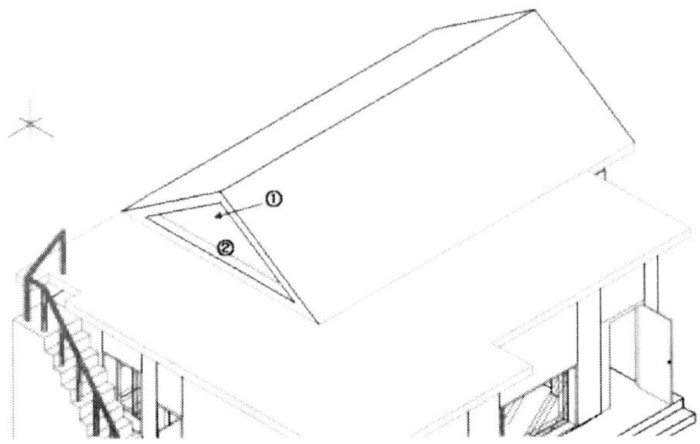

6. 완성

① 슬래브 난간을 만들어 완성한다.

② 학습효과를 위하여 단순한 주요 큰 작업으로만 투시도를 완성하여 3D감각을 익힌다.

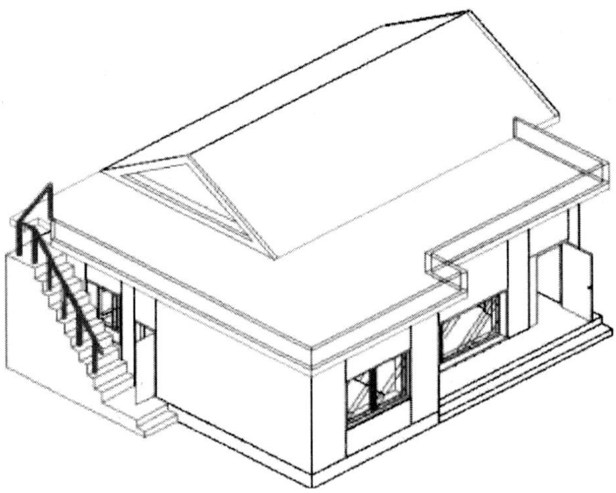

3DS Max

3DS Max는 CAD로 작업된 도면(2D, 3D) 파일을 3DS Max로 가져와서 질감을 입히는 과정을 소개하게 된다. 이런 방법은 3DS Max에서 바로 모델링하는 것과 비교하여 CAD 2D작업을 더욱 더 향상시키며, CAD3D의 경우 선분요소 정리가 크므로 도면의 CAD2D 작업에서 정확성과 깔끔한 작업성을 익히는데 아주 효과적이다. 그리고 도면 작업에서 조감도 작업을 할 때 분업작업이 쉽고 전문성을 더욱 더 향상시킬 수가 있는 것으로, 장점이 큰 방법이라 생각된다. 특히, CG초보자나 CAD2D 도면작도 향상을 고려할 경우 이상과 같은 방법이 매우 효율적이라 생각된다.

3DS Max

3DS Max

Chapter 01

3D Max 개요 및 화면구성

3DS Max 화면구성

3DS MAX의 구성은 모델링 오브젝트(Modeling Objects)의 기능으로 2D Drawing, 3D Modelling을 Command Panel과 Toolbar의 활용으로 진행된다. 그리고 재질 입히기(Material design) 작업을 위한 재질편집기(Material Editor)가 있으며, 이들의 작업효과를 사실적 묘사를 한층 더 실현시키기 위하여 Lights와 Cameras(조명과 카메라) 설정이 있다. 이 기능은 그림자를 만들고 다양한 각도에서 다양한 이미지를 표현하게 된다. 주요 기능을 중심을 메뉴 또는 툴들이 화면에 각기 구성되어 있다.
본 단락에서는 맵핑 작업을 비롯하여 조명과 카메라 설정 그리고 이미지 출력과 관련한 화면구성 중심으로 소개를 하고 있다.

Lesson 01 3DS Max 화면구성

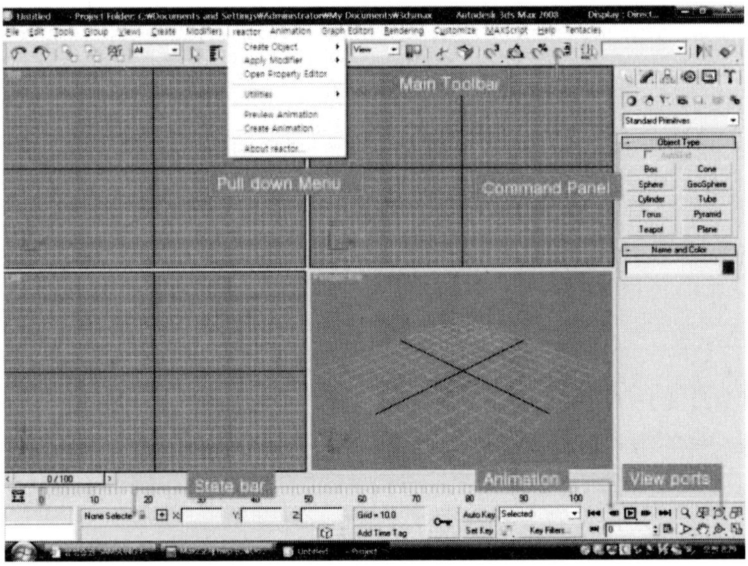

Main Toolbar

Main Menu 아래에 있는 것으로 작업 중에 가장 많이 사용하는 기능들을 아이콘으로 만들어 모아 놓은 영역이다.

Undo : 실행전의 상태로 돌아가기

Redo : 실행 취소 복구하기

Select and Link : 계층구조 관계 만들기

Unlink Select Button : 계층구조 관계 제거하기

Bind to Space Warps : 공간 왜곡효과 연결하기

Selection Filters : 선택적 작업을 위한 Bar

- All : 모든 오브젝트의 선택
- Geometry : 3차원 입체만 선택
- Shapes : 2차원 모양만 선택
- Lights : 조명만 선택
- Cameras : 카메라만 선택
- Helpers : 도우미만 선택
- Warps : 공간 왜곡효과를 주는 오브젝트만 선택
- Combos : 1개 이상의 항목을 동시에 Filter로 지정
- Combination : 선택된 항목의 이니셜로 조합된 Filter로 형성

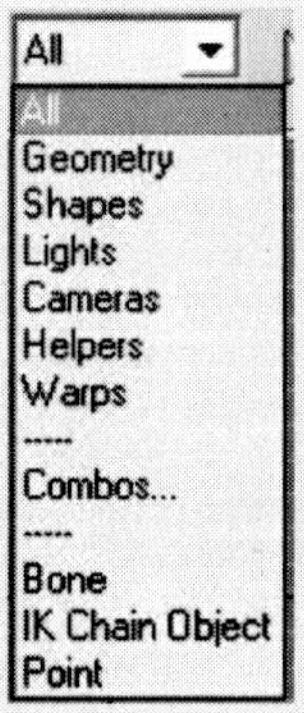

Select Object : 한개 또는 여러 개의 오브젝트를 선택

Select by Name : 오브젝트의 이름을 이용하여 선택(CAD에서 설정된 도면층이 반영되어 Mapping 대상 선택)

Rectangle Selection Region : 사각형 영역 안의 오브젝트 선택

Crossing Selection : 지정한 영역 안에 조금이라도 걸친 오브젝트는 모두 선택

Move : 이동 툴

Rotate : 회전 툴

Scale : 크기조절 툴

Reference Coordinate System : 작업할 때 사용하는 변형좌표계를 설정한다.

- View : 각각의 뷰포트상의 좌표가 각각 X, Y 좌표평면(상대적 개념)
- Screen : 활성화된 뷰포트 상에 동일한 좌표를 사용(애니메이션)
- World : 각각의 뷰포트에서 절대적인 좌표로 설정
- Parent : 두개 이상으로 연결된 오브젝트에서 좌표설정
- Local : 선택된 오브젝트의 중심에 좌표가 설정
- Pick : 여러 개의 오브젝트 중 하나의 오브젝트를 선택하면 그것에 좌표가 설정

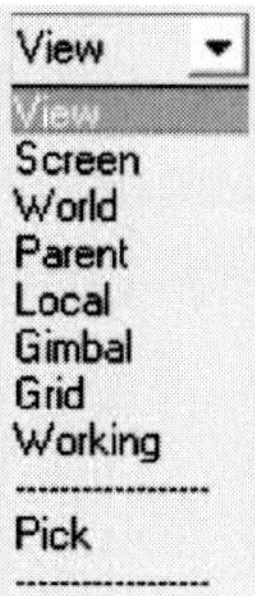

Pivot : 오브젝트의 축 설정 위치 툴

Select and maniqulate : 수치 자를 선택 표기

: Snap(제어방식)

Grid snap : 2D, 3D의 정점에 맞게 제어
Angle snap : 회전 값에 대한 각도를 일정하게 회전하도록 제어
Percent snap : 크기에 대한 값을 일정하게 제어
Spinner snap : 수치입력 필드를 제어
Name selection set : 선택된 오브젝트에 이름을 부여하고 부여된 개체들을 자동으로 선택하도록 제어

Mirror Selected Object : 선택된 오브젝트를 대칭 이동 또는 복사

Align : 한 오브젝트를 다른 오브젝트에 정렬 툴 모음

Layer Manager

Curve Editor : 애니메이션 편집기

Schematic view : Object를 구성하고 있는 요소들의 상관관계를 제어하는 툴

Material Editor : 재질 편집 툴

Render : Object에 지정한 재질이나 조명 등을 계산하여 사용자에게 결과를 보여주는 기능

Render Scene : 다양한 조건의 선택으로 렌더링

Quick Render : 현재 장면에서 바로 렌더링

Statebar(하단부에 위치한 메뉴)

화면 하단에 있는 것으로 현재 뷰포트에서 일어나는 모든 일들을 보여주거나 조정하는 곳

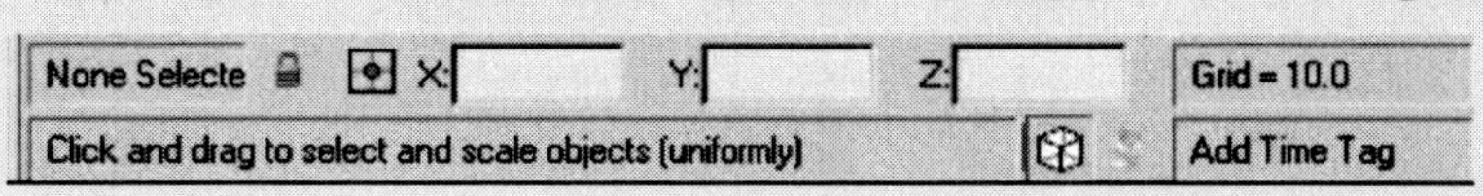

Animation 조정영역

View port (조정영역)

Zoom : 확대/축소 툴

모든 뷰포트를 확대/축소

현재 선택된 뷰포트의 Object를 화면에 모두 표현

전체 뷰포트에 있는 Object 또는 선택된 Object들이 뷰포트에 모두 표현

드래그 영역부분만 확대

Pan : 선택된 뷰포트를 손 도구로 드래그하여 화면을 이동

선택된 뷰포트를 회전

전체화면으로 표현

■■■■

Lesson 02 PLT환경 설정

3DS Max 프로그램에서 맵핑(Mapping) 작업을 하기 전에 CAD도면을 불러와야한다. Auto CAD File을 Corel Draw로 보내기 위해서는 Auto CAD 확장자가 DWG가 아닌 PLT File이어야 가장 좋은 해상도를 유지하며 PLT File은 Plot 과정을 사용하면 나타난다. 따라서 이런 작업들을 Auto CAD에서 PLT환경을 설정해야 한다.
PLT환경 설정은 다음과 같다.

1. 메뉴 → 옵션 → 출력(Plotting) → 플롯트 추가 및 구성 선택

2. 플롯트 추가 마법사 선택 → 더블클릭

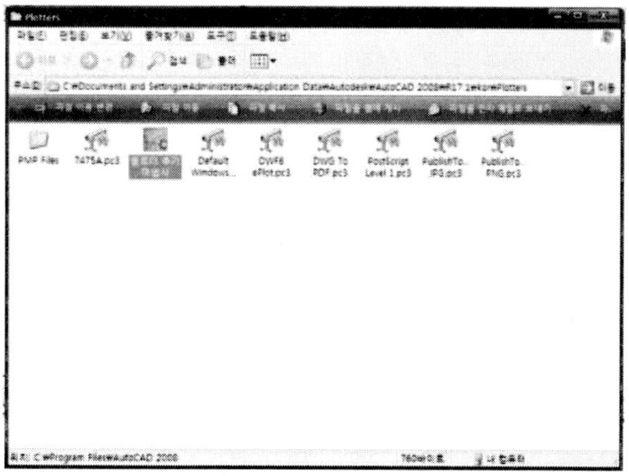

3. 다음(NEXT) 선택

4. MY COMPUTER 선택 및 확인

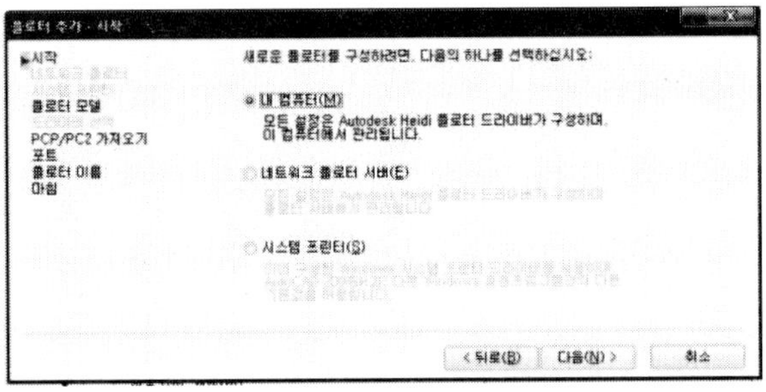

5. ADOBE → Post Script Level1 선택

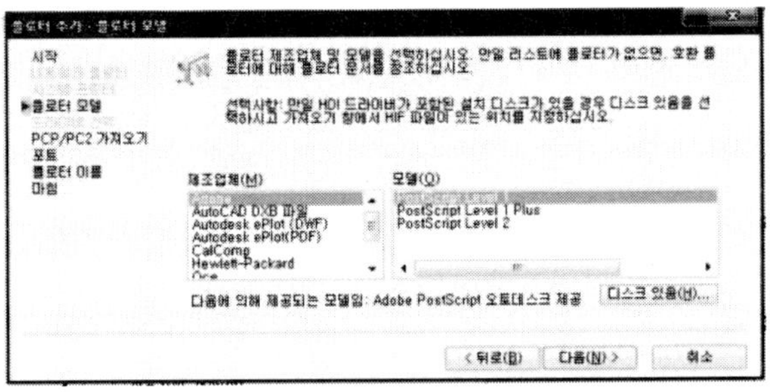

6. 다음(NEXT)

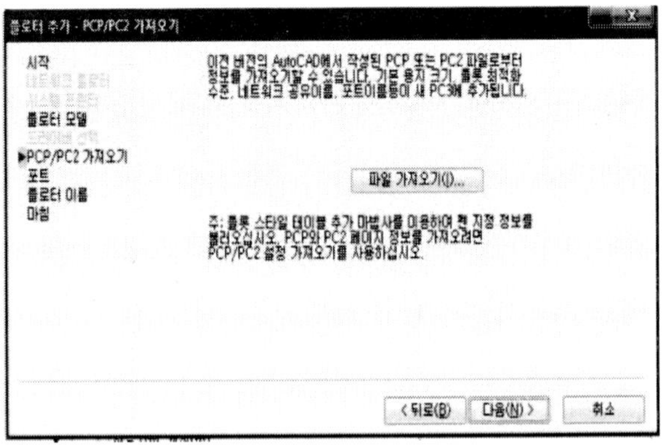

7. 확인 및 다음(NEXT)

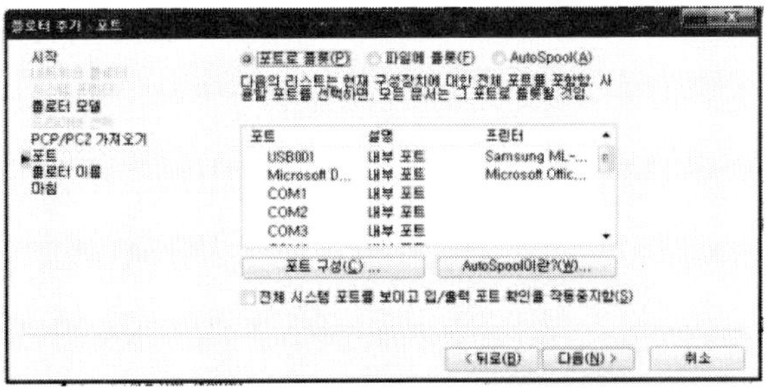

8. Post Script Level1 확인 및 다음(NEXT)

9. 마침

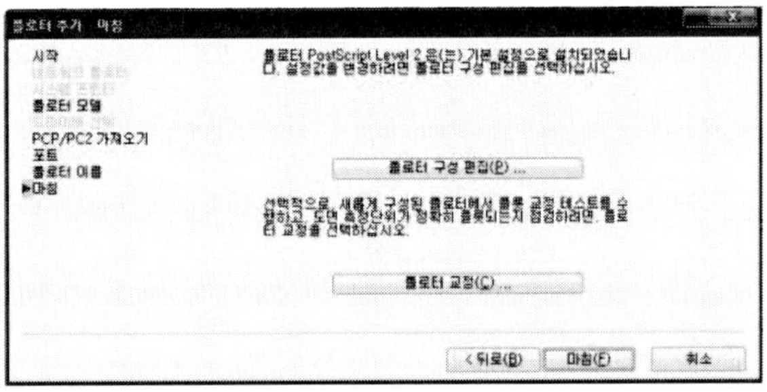

10. 결과

Chapter 02

3D Max 화면구성과 Tool Box 설명

화면구성과 Tool Box

Lesson 01 3DS-MAX로 AutoCAD File 불러오기

1. 3DS-MAX 실행

3DS-MAX를 실행하면 다음과 같은 Main 화면이 나타난다.

OK → 다음	CAD 도면 열기
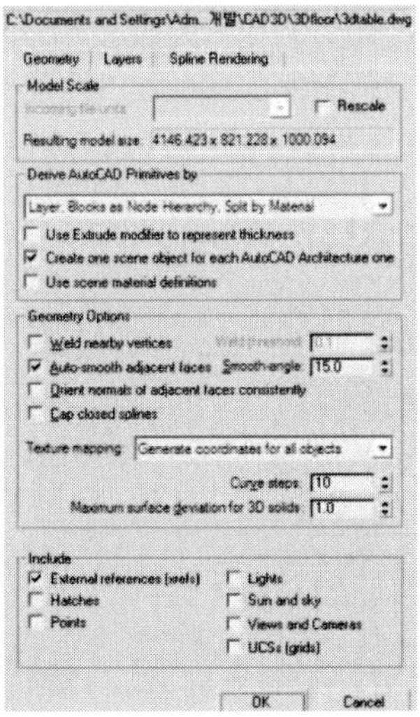	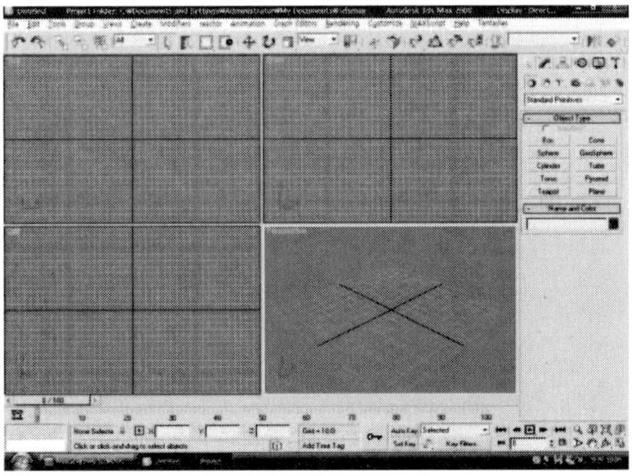

2. 파일 열기

메뉴(File) → Import → AutoCAD File → Merge objects with current scene 확인 및 OK → OK → Perspective 위에 커서를 두고 右클릿 → Configure → force2-side 클릭 → OK

Lesson 02 Camera 설정

카메라 설정은 두 눈으로 사물을 바라보는 것과 같은 것으로 바라보는 방향이 중요하다. 따라서 방향과 거리감 설정이 중요하다.

1. 카메라 설정 메뉴

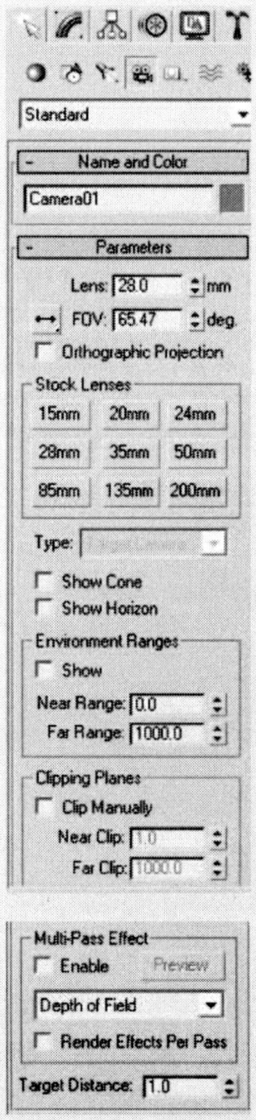

■카메라 1의 설정(파랑색)
Lens : 카메라의 초점거리를 직접 입력
FOV : 카메라의 각도 조정(시야 폭)
Orthographic Projection : User가 제공하는 9개의 규격화된 렌즈
　15,20,24mm : 광각렌즈
　28,35,50mm : 표준렌즈
　85,135,200mm : 망원렌즈
Show Con : 카메라가 보는 각도를 사각뿔형태로 표시
Show Horizon : 카메라가 보는 관점의 수평상태를 검은색 수평선으로 표시

■Environment Range : Fog사용시의 영향도 적용
Near Range : Fog의 영향이 나타나기 시작하는 값
Far Range : Fog의 영향이 사라지는 값
Show : 범위를 나타내는 영역 표시

■Clipping Planes : 일부분만을 잘라내어 렌더링 할 경우
Clip Manually : Clipping Planes의 사용 여부
Near Clip/Far Clip : Near lanes 안쪽에 있거나 Far Planes 바깥쪽에 있는 오브젝트는 렌더링 되지 않음

■Multi-Pass Effect : 뷰포트에서 Depth와 Blur효과
Enable : 체크표시하면 설정한 효과적용
Preview : 렌더링될 결과를 뷰포트에서 보여줌
Rend Effects Per Pass : 모션블로와 DOF효과를 같이 사용할 때 이곳에서 DOF효과를 사용하고 렌더링효과의 모션블러를 사용
Target Distance : 카메라에서 타겟까지의 거리를 표시

Camera 설정하여 보는 각도와 거리를 지정을 Top view와 Left view에서 Camera 높낮이를 조절한다.
※ 아래 우측 (Zoom)으로 Front view에서 Camera를 설정하기 위하여, 전체 화면을 작게 한다.

2. 카메라 설치

사물의 특성이 가장 잘 반영되는 조건으로 설치한다.

• Control panel(Create메뉴)에서 (Camera)를 클릭 → Object Type에서 Target 클릭

• Orthographic Projection : User가 제공하는 9개의 규격화된 렌즈에서 28mm표준렌즈를 선택(렌즈가 클수록 큰 화상이 된다)

• Show Con : 카메라가 보는 각도를 사각뿔형태로 표시

• Show Horizon : 카메라가 보는 관점의 수평상태를 검은색 수평선으로 표시

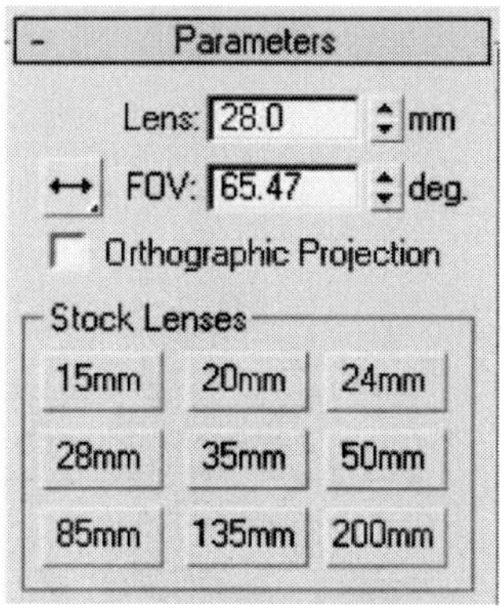

• Show Con : 카메라가 보는 각도를 사각뿔형태로 표시를 선택

• 화살표처럼 마우스 드래그를 하여 카메라를 설치

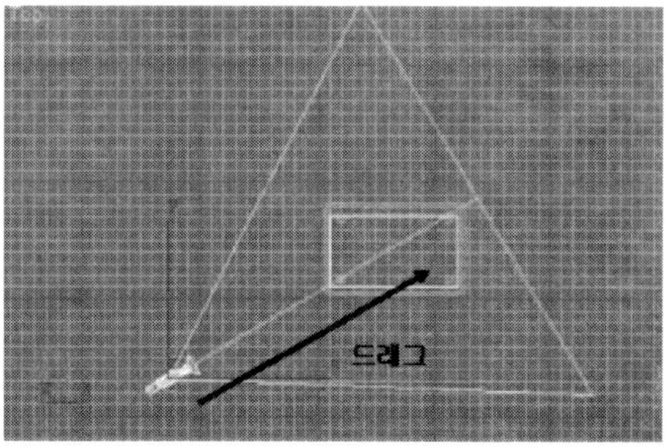

• 정면도 또는 측면도에서 화살표처럼 카메라 높이를 조절

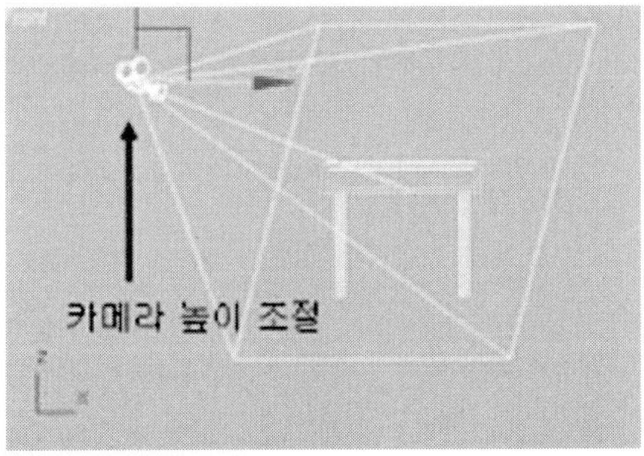

• 마우스 커서를 화살표 지점에 놓고 마우스 우 클릭

• 화면을 Camera01로 전환

Lesson 03 Lights(빛, 조명) 설정

사물의 특성 반영 및 그림자 생성에 주력하여 설정한다.

1. Lights(빛, 조명) 설정 메뉴

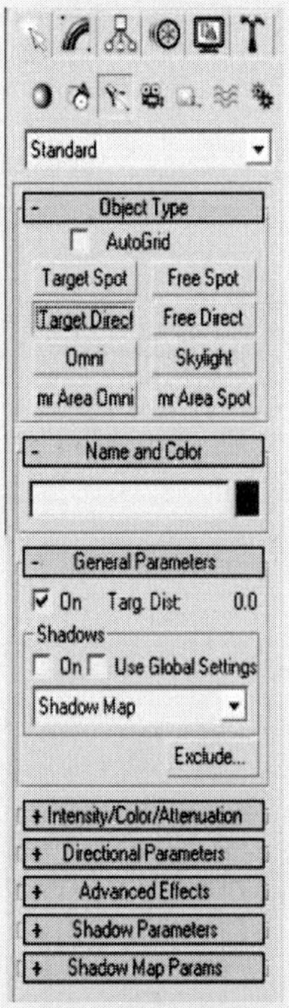

■Object Type의 종류
- Target Spot : 특정 부분을 집중적으로 비추는 효과의 조명
- Free Spot : Target이 없는 Spot 조명
- Target Direct : 원통형의 빛을 비추는 효과의 조명
- Free Direct : Target이 없는 Direct 조명
- Omni : 광원을 중심으로 사방으로 비추는 효과의 조명

+ Name and Color : 오브젝트의 이름과 색상 조정
+ General Parameters : 빛의 색상 및 강도에 대한 조정
+ Spotlight/Direction Parameters : 표면 효과에 대한 조정
+ Advanced Effects : 맵을 이용한 그림자 효과에 대한 조정
+ Intensity/Color/Attenuation Parameters : 빛의 감쇠 효과에 대한 조정
+ Shadow Parameters : 그림자 효과에 대한 조정
+ Shadow Map Parameters : 그림자 맵 효과에 대한 조정

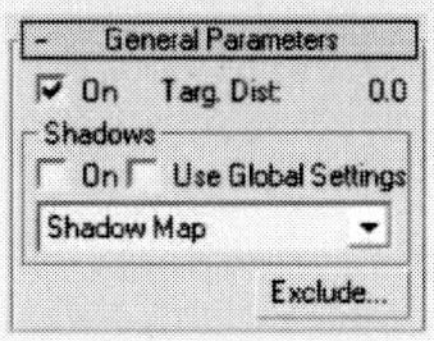

■General Parameters : 빛의 색상 및 강도 조정
- Shadows : 그림자를 만들고 종류를 설정
- Exclude : 특정 오브젝트가 Light의 영향을 받지 않도록 하는 기능

■Spotlight/Direction Parameters : 표면 효과 조정

- Light Cone : Light의 Hotspot에 대한 조정
- Show Cone : 화면상에 원뿔모양의 Light 범위 표시
- Hotspot/Beam : Light가 직접 비추는 가운데 영역
- Falloff/Field : Hotspot의 외부로 빛이 퍼지는 영역
- Aspect : 수치가 클수록 가로로 긴 사각형 모양
- Bitmap Fit : 가로/세로 비율에 맞게 설정

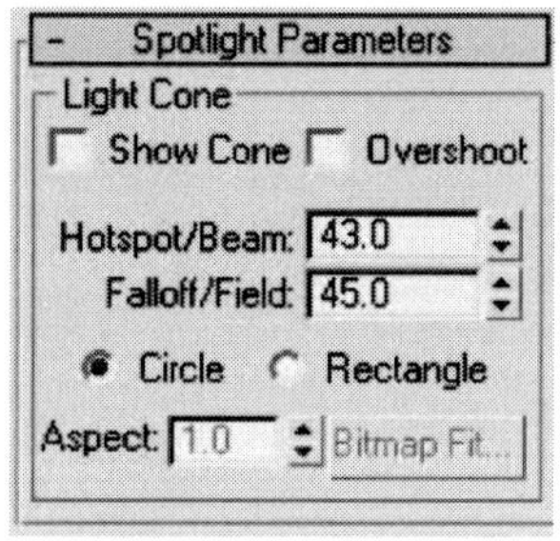

■Spotlight/Direction Parameters : 빛의 감쇠 효과에 대한 조정

- Multiplier : 빛의 강도
- Decay : 거리에 따라 Light의 세기를 감소시키는 기능
- Near Attenuation : 광원으로부터 빛이 발산하여 감소되는 거리 값
- Far Attenuation : 빛이 감소하기 시작하는 부분의 거리 값

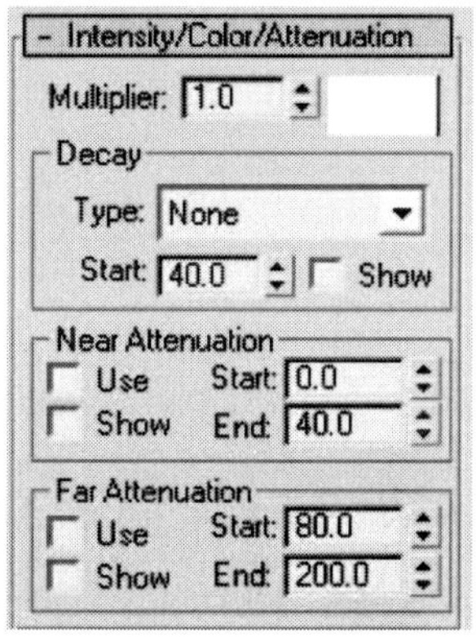

■ Shadow Parameters : 그림자 효과에 대한 조정

- Object Shadows : 색상, 밀도, 등을 설정
- Atmosphere Shadows : Atmosphere Effect에 그림자를 추가

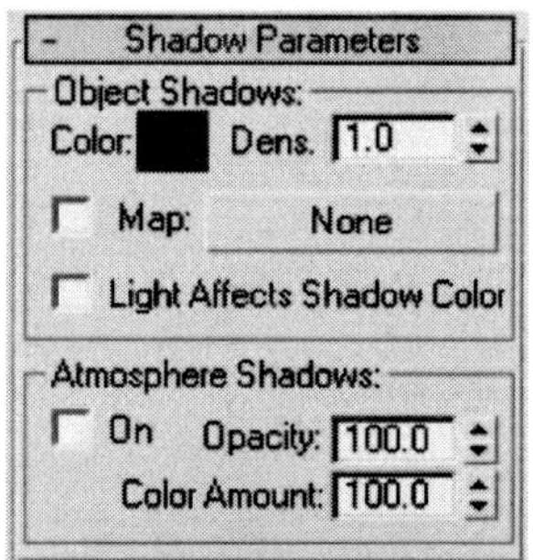

■ Shadow Map Parameters : 그림자 맵 효과에 대한 조정

- Bias : 수치가 작을수록 그림자가 오브젝트 가까이 생성
- Size : 그림자의 해상도 조정
- Sample Range : 그림자의 Fallow값 조정
- Absolute Map Bias : 렌더링 할 때 Shadow Map이 절대값에 기초하여 연산
- 2 Side Shadows : 뒤쪽면의 그림자도 생성

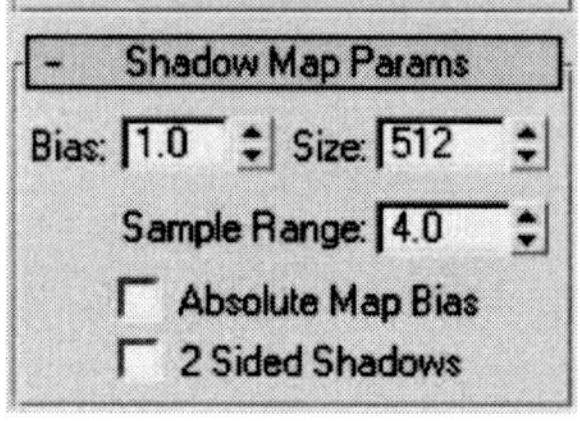

- 좌측에 있는 Control panel(Create메뉴)에서 (Lights)를 클릭 → Target Direct 클릭

- General Parameters → On → Shadows → On → Shadow Map → Multiplies(1.7) → 기타 정수는 그림과 동일

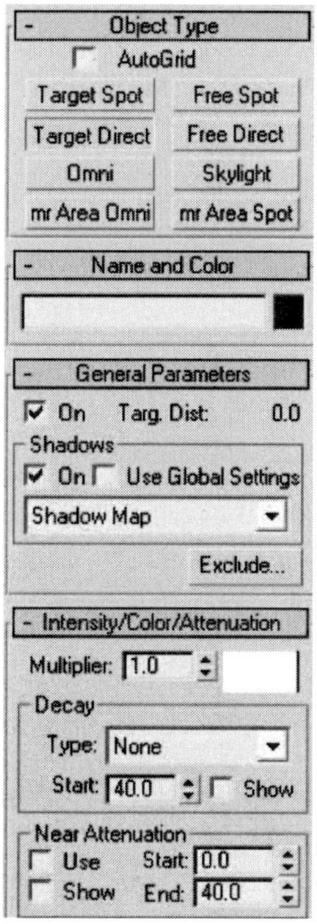

- Light Cone 설정 → Show Con → Hotspot/beam 및 Falloff/Field의 값은 Light 대상 물체를 모두 포함될 수 있도록 수치를 설정

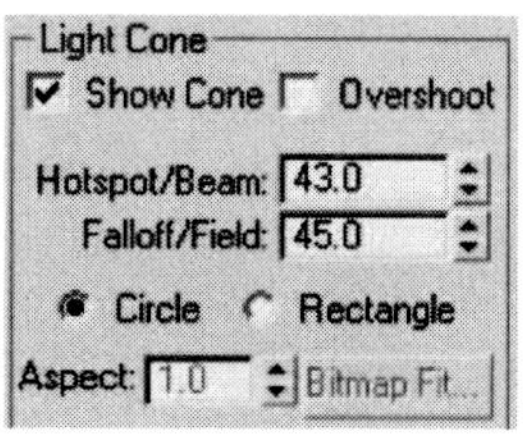

• Object Shadows 설정 → 그림자 색상과 밀도 설정 → 2 Sided Shadows 체크

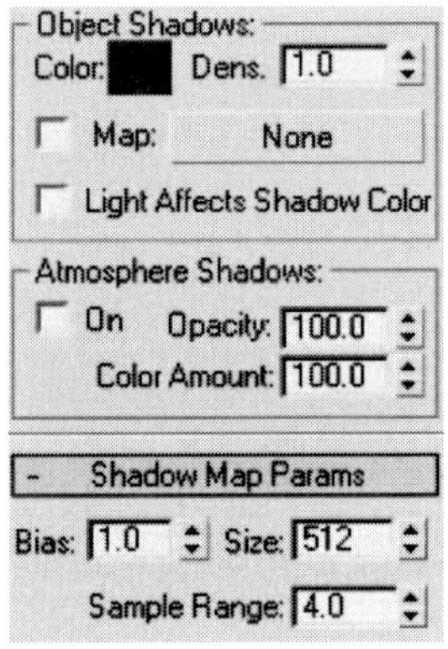

2. Lights 설치

• 좌측 그림처럼 드래그

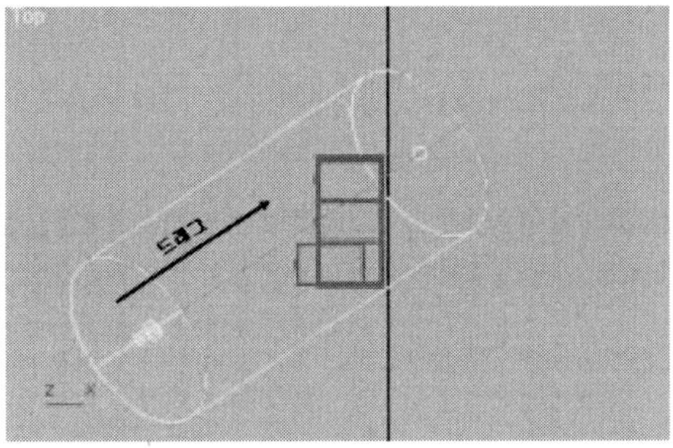

• Main Tool Bar에서 (이동 툴)을 선택 → Light를 적당한 높이로 이동(태양의 고도)

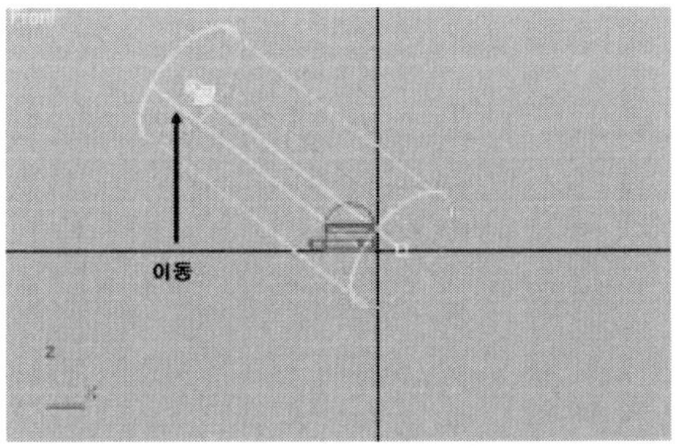

• Light 설정 결과(그림자 생성)

3. 국부조명(Omni) 설정

광원을 중심으로 사방으로 비추는 효과를 갖는 조명으로 국부조명이 필요한 곳에 Omni를 클릭하여 설치한다.

(1) 설정

- Lights를 클릭(①) → Omni(국부조명) 클릭(②) → Multiplies 설정(③) → Top view에서 국부조명이 필요한 부분에 클릭 → 정면도 또는 측면도에서 위치조정

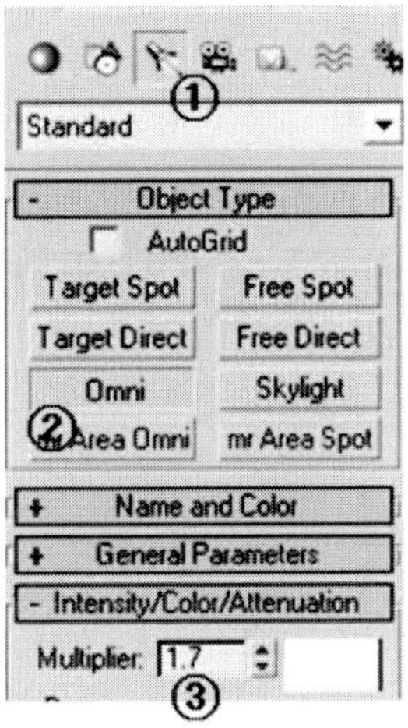

(2) 설치

① 평면상에서 Omni 조명 설정	② 국부조명 효과
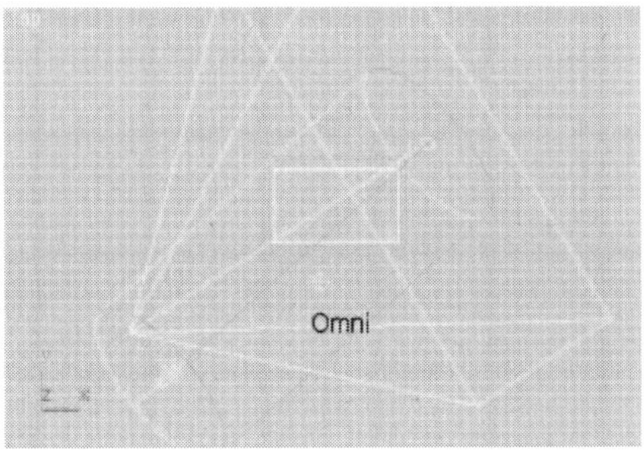	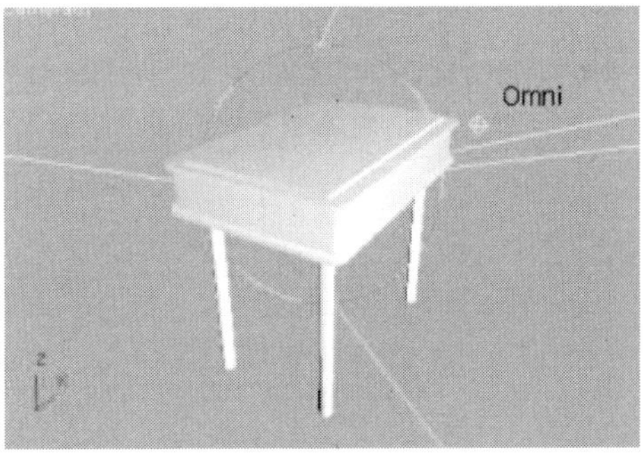

■■■■

Lesson 04 재질 입히기

맵핑(Mapping)에 있어 가장 중요한 것은 CAD작업에서 재질을 고려한 레이어 설정이 중요하고, 사실적 질감을 반영하기위한 노력이 필요하다.

1. 재질파일에 의한 Mapping

① 레이어 선택

Main Tool Bar에서 (레이어 툴)을 클릭 → 그림과 같이 재질을 입히고자 하는 레이어 윈도우 창 Open → 선택 → OK

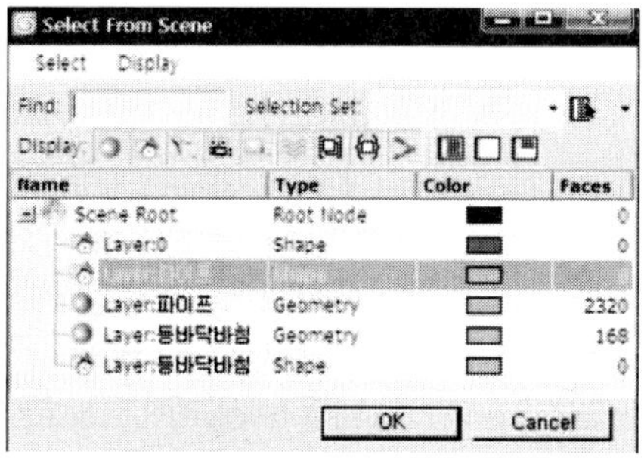

② 재질선택

• (Material Editor) 클릭 → Maps 클릭

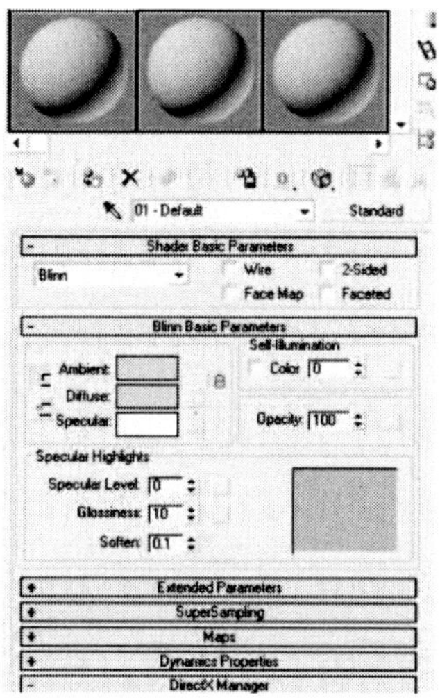

• Diffuse Color의 None을 클릭

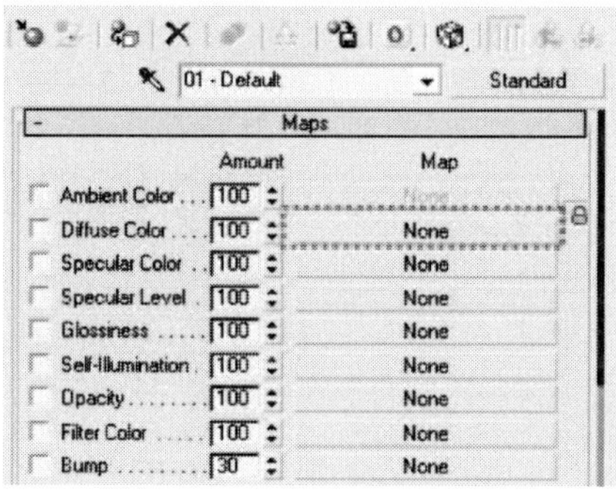

• Bitmap 더블클릭

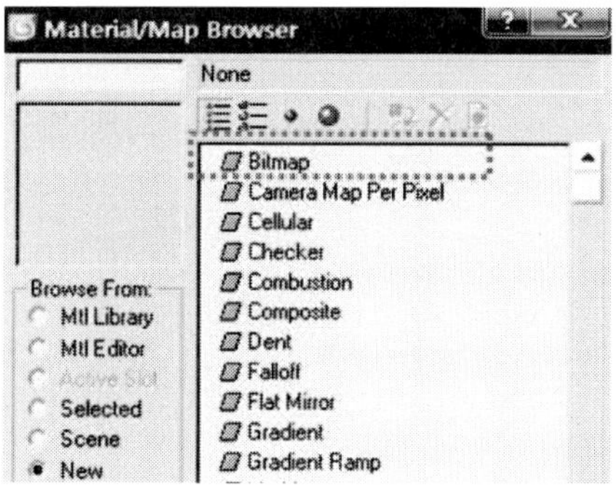

• 재질 소스 파일이 있는 곳을 찾아 열기

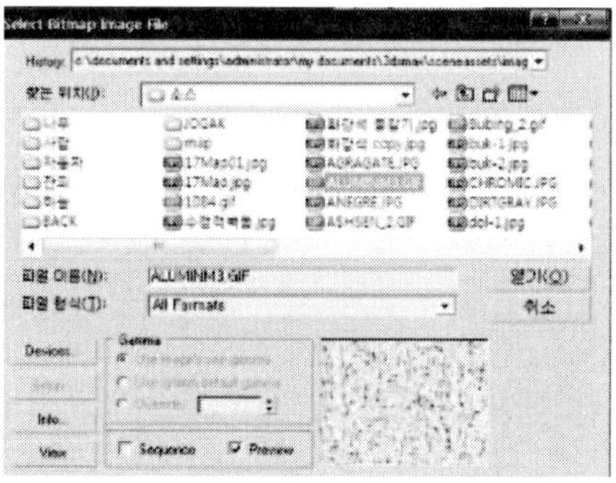

• 재질 입히기

①에서 Offset으로 재질의 밀도를 조정하고
②에서 Tiling으로 재질의 질감을 조정
③ 클릭
④ 클릭

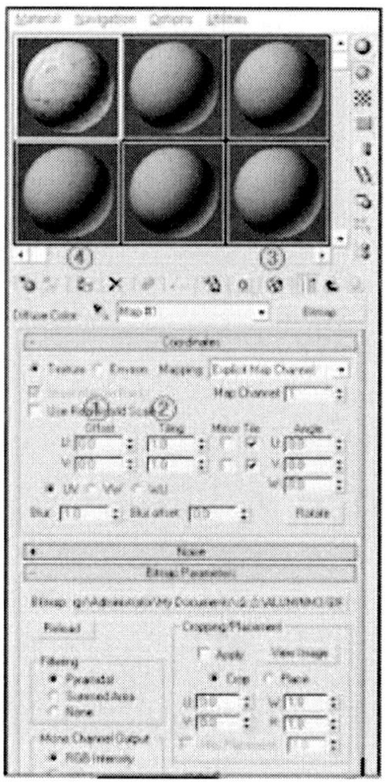

• Rendering

① (Quick Lander) 클릭 → Mapping 완성
② Rendering → Targa Image File (Photo shop 작업을 위해)로 저장

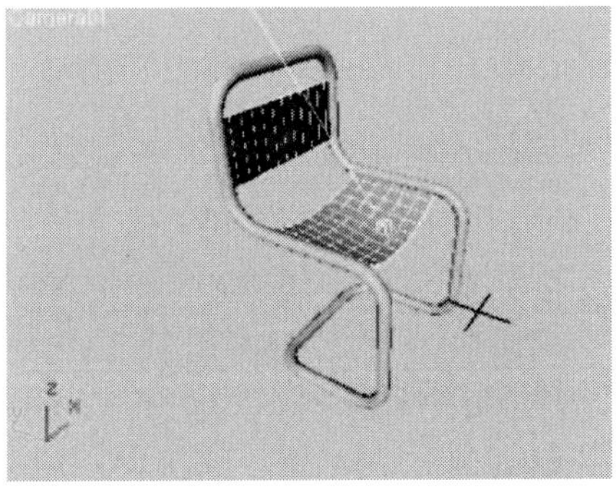

2. 색상 입히기

Mapping 방법 중에 색상을 직접 입히는 방법으로 색을 잘 혼합하여 색의 감성적인 부분을 잘 유의하여 설정하는 것이 매우 중요하다.

① 재질 이미지 미리보기 아이콘 클릭
② 재질 다운받기 → ③ 색상 입히기
④ 색상 선택
⑤ 색상 표면의 속성 설정
⑥ Rendering하여 확인한다.

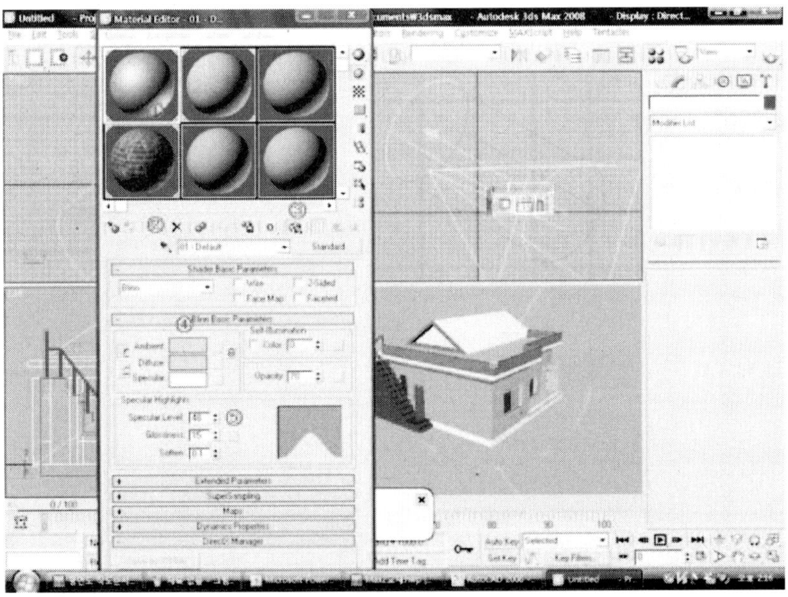

Chapter 03

앞 단락에 이어 3D Max 따라하기

3DS Max 따라하기

1. 파일열기 및 작업준비

① Auto CAD 3D 파일 열기

메뉴(File) → Import → AutoCAD File → Geometry 및 Layers 확인 → OK

② 메뉴, 툴, 팔레트 등 배치 및 정리
③ Layers을 확인하고 부족한 것은 다시 CAD3D에서 재조정한다.
④ Light 및 카메라 설치를 위한 공간 확보 → Zoom으로 축소

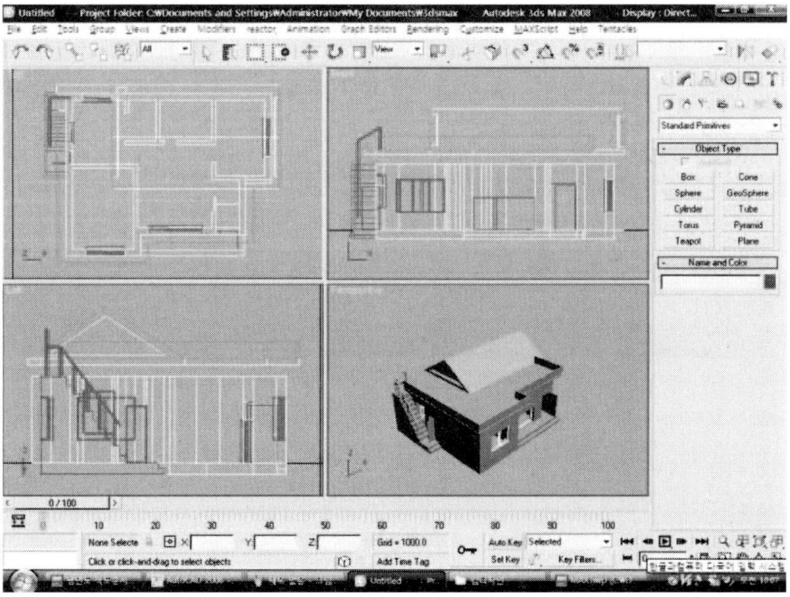

2. 카메라 설치

카메라 설치는 우리 눈으로 건물을 바라본다는 관점에서 설치하고, 투시도의 가장 좋은 곳이 반영될 수 있도록 설치하는 것에 유의하여야 한다.

① 카메라 아이콘 클릭
② Target 아이콘 클릭
③ 카메라 렌즈 크기 설정(35mm)
④ Show Corn 체크
⑤ 화살표처럼 마우스 드래그 하여 설치
⑥ Perspective 문자 위에 마우스 커서를 올려놓고 우 클릭 → Camera01 선택
⑦ 투시도(Camera01)를 보면서 ✥ 아이콘으로 가장 좋은 카메라의 위치를 설정한다.
(⑤번과 ⑦으로 조정)

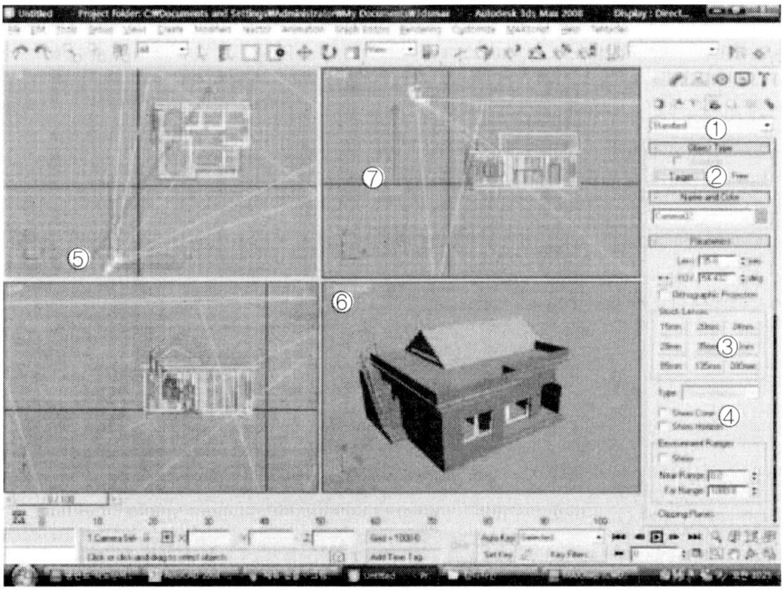

3. 조명설치

실내투시도의 경우는 실내조명을 설치한다는 관점이 되고, 외부투시도(조감도)의 경우에는 태양을 두고 방향, 고도 및 조도 등을 고려하여 설정해야 한다. 그리고 조명 설치 설정의 경우 확인을 위한 많은 과정이 순서적으로 진행되므로 반복 학습이 많이 필요하다. 따라서 아래 그림에서의 번호순서대로 설정할 수 있도록 한다.

① 조명 아이콘 클릭

② Target Direct 아이콘 클릭

③ - General Parameters 클릭(빛의 색상 및 강도에 대한 조정) → On 클릭

④ 그림자 → On 클릭

⑤ - Intensity/Color/Attenuation 클릭(빛의 감쇠 효과에 대한 조정) → Multiplier 설정(1.5)

⑥ - Directional Parameters 클릭(빛의 범위) → Hotspot/Beam과 Falloff/Field 설정(건축물 전부를 포함할 수 있도록 설정, 10000)

⑦ - Shadow Parameters 클릭(그림자 속성 설정) → 색상 등 설정

⑧ - Shadow Map Params 클릭(그림자 효과) → 2 Sided Shadows 클릭

⑨ 카메라 설치 방법과 같이 설치하고 가능한 카메라 위치 및 방향을 거의 같게 설치하는 것이 좋다.

⑩ (⑨번 클릭) Rendering을 하면서 조명을 설정한다.

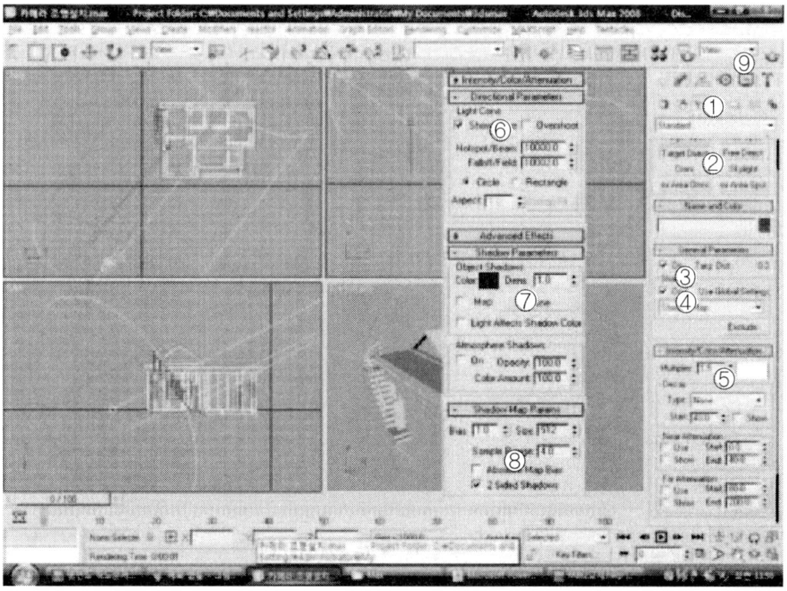

4. 재질 입히기

Mapping 작업에는 실제 재질을 준비하여 저장한 재질 이미지 파일을 열어서 Mapping하는 경우가 있고, 색상을 직접 입히는 경우가 있다. 본 단락에서는 전자의 경우를 소개하고 있다.

① Layers을 클릭
② 대상 선택
③ Modifier List 클릭 → UVW Map 선택
④ Box 선택
⑤ 재질편집 아이콘 클릭

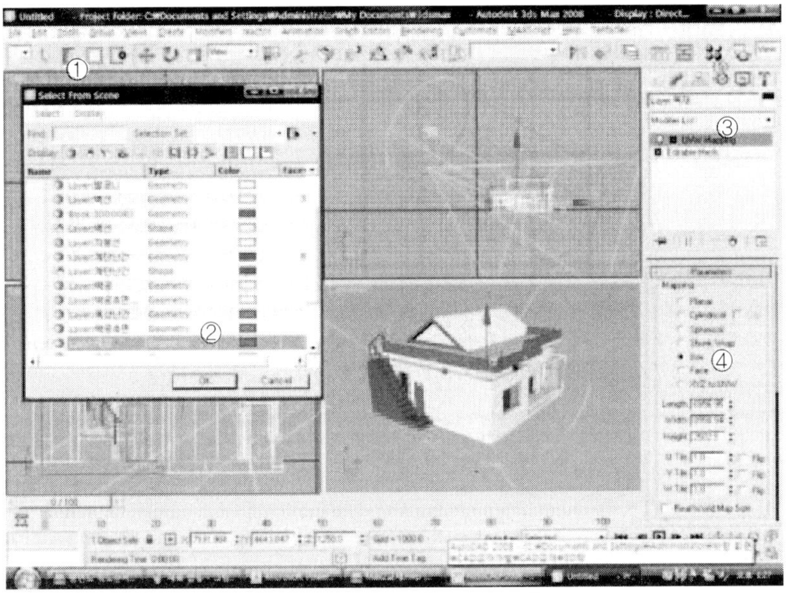

⑥ 재질 미리보기 아이콘을 클릭
⑦ Maps 클릭
⑧ Diffuse Color 체크 → None 클릭
⑨ Bitmap 더블클릭 → 재질 이미지 파일 열기

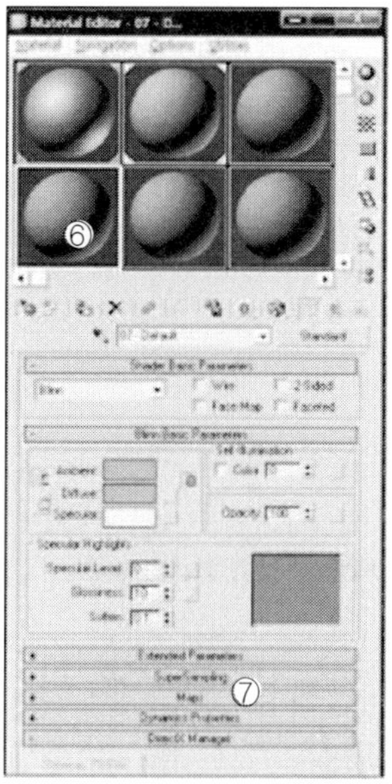

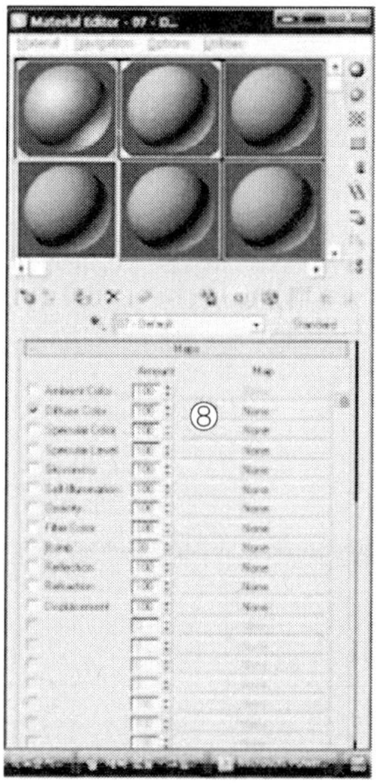

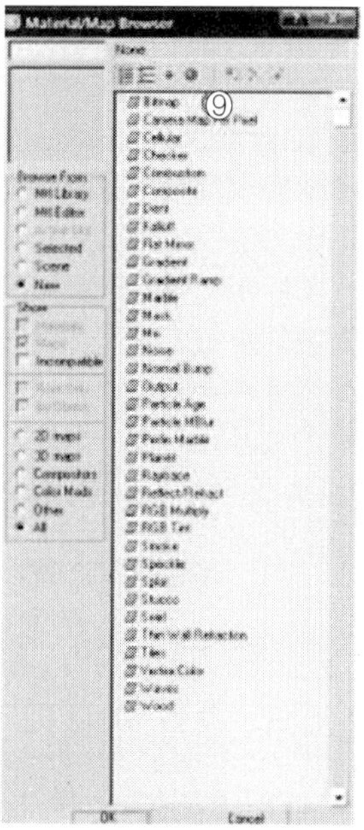

⑩ 재질 다운받기 아이콘 클릭 → ⑪ 재질 입히기

⑫ Offset에서 재질 간격 조정 → ⑬ 재질 이미지 크기 조정

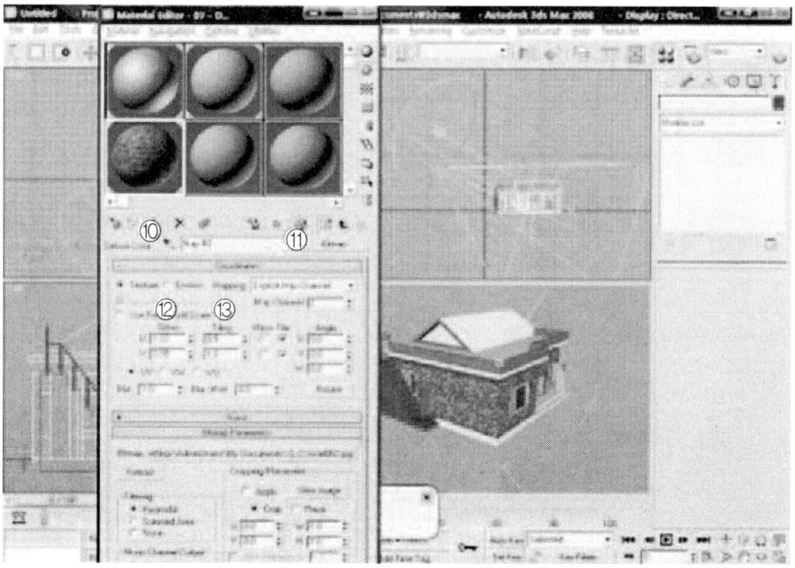

5. 색상 입히기

Mapping 방법 중에 색상을 직접 입히는 방법으로 색을 잘 혼합하여 색의 감성적인 부분을 잘 유의하여 설정하는 것이 매우 중요하다.

① 재질 이미지 미리보기 아이콘 클릭
② 재질 다운받기 → ③ 색상 입히기
④ 색상 선택
⑤ 색상 표면의 속성 설정
⑥ Rendering하여 확인한다.

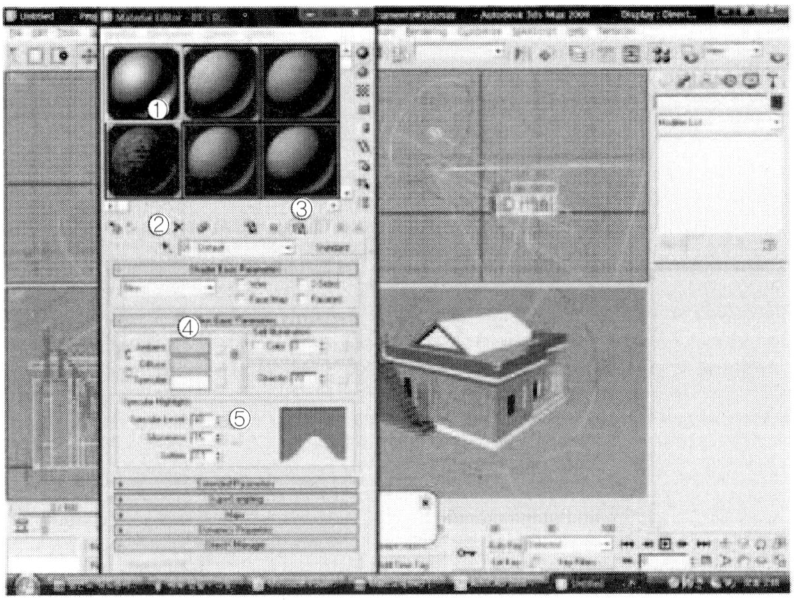

6. Rendering

① 클릭 → ② 출력 이미지 크기 등 속성 설정 → ③ Rendering

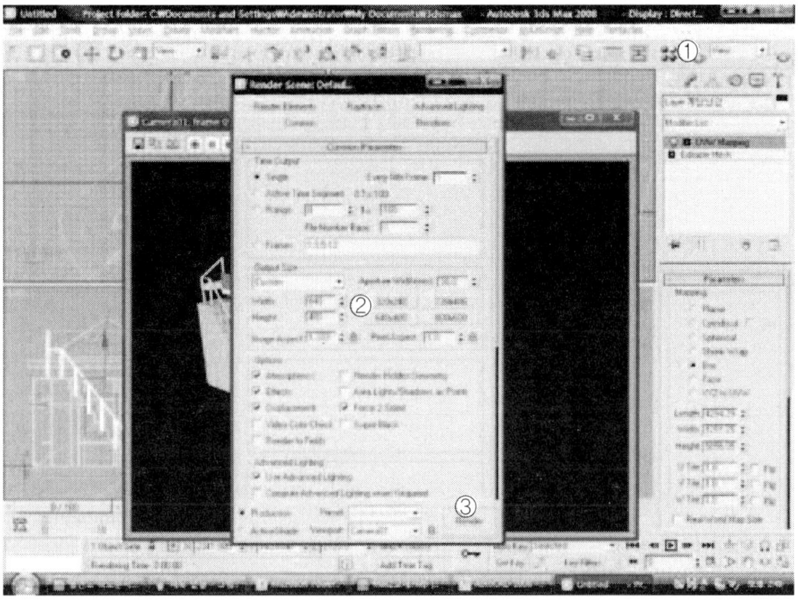

② Rendering → 아이콘 클릭 → Targa Image File(*,tag) 저장

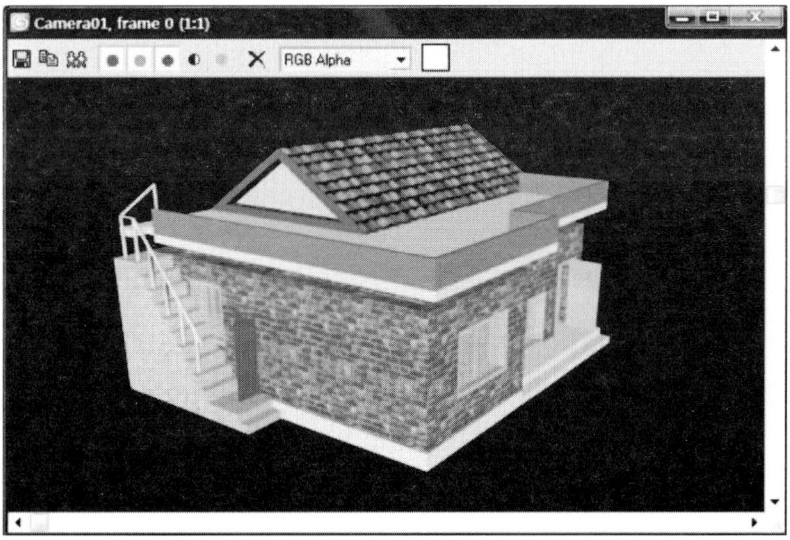

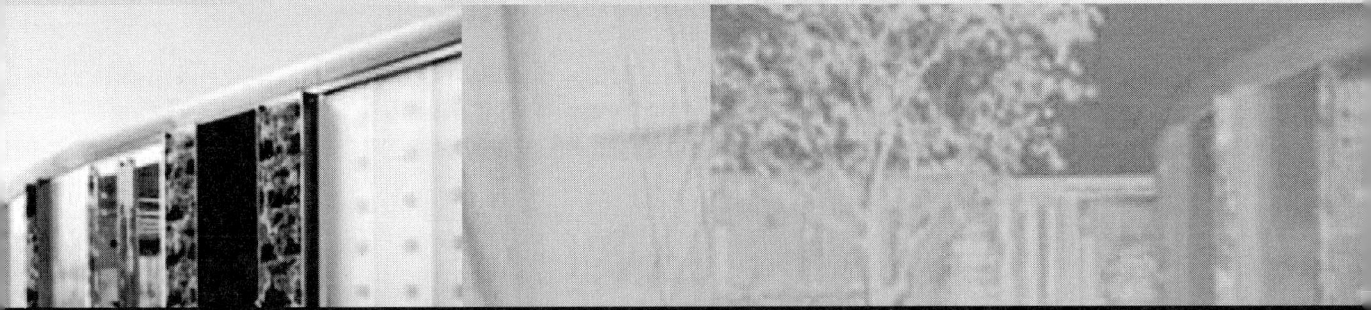

Photo Shop

보통 투시도 작업과 렌더링을 3DS Max에서 거의 대부분 하고 미흡한 부분을 보충하는 측면에서 Photo Shop 작업을 하지만, 투시도 배경 그리고 모델링이 어렵거나 사소한 부분에는 Photo Shop 작업으로 진행하는 것이 효율적이며 사실적 효과가 한 층 더 높다고 할 수가 있다. 그리고 요즘 Photo Shop 활용능력은 일반화 되어 있을 정도이기에, 본 단락에서는 기본적이고 건축적인 측면의 내용으로 구성되었다.

Photo Shop

Photo Shop

Chapter 01

Photo Shop 화면구성과 Tool Box 설명

화면구성과 Tool Box

Lesson 01 Photo Shop 화면구성

포토샵 화면구성은 크게 메인메뉴와 툴박스가 있고 이미지 작업창에서 작업이 이루어지면서 보조적 역할을 하는 팔레트 영역으로 구성되어 있다.

- Main manu : 포토샵 전체 기능을 항목 별로 묶어서 나열되어 있으며, 주로 좀 더 개성적인 이미지를 연출할 때 많이 사용된다.
- Tool Box : 「도구상자」라고도 하며, 페인팅, 이미지 드로잉, 작업영역 선택하기, 색 선택 등 포토샵에 필요한 기본 도구들로 구성되어 있으며, 가장 많이 사용되는 영역이면서 유용하다.
- **팔레트** : 모두 11개의 팔레트로 구성되어 있으며 툴의 역할을 보조해주거나, 이미지 작업을 편하게 하기 위한 기능들이 들어 있다. 주로 현재의 화면처럼 기본적인 4개의 팔레트를 띄워놓고 사용하게 된다.

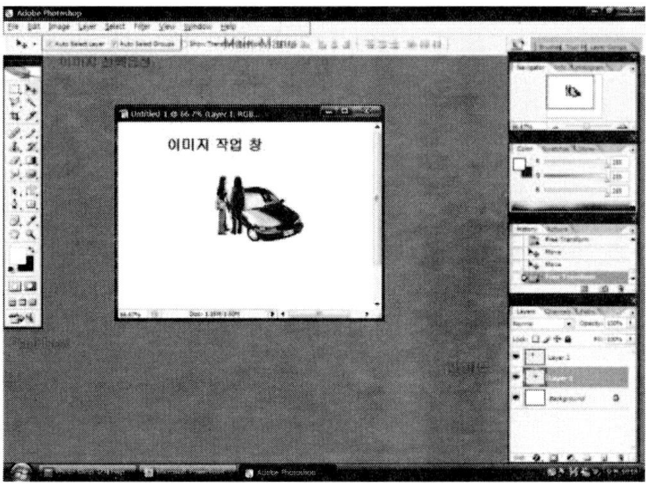

Lesson 02 툴 박스(Tool Box) 설명

본 단락에서는 가장 많이 쓰이는 기본 툴에 대한 간략한 설명과 기능에 대한 설명을 중심으로 구성하고 있다.

그리고 본 단락 역시 많은 기능들에 대한 이해보다는 간략한 기능과 많이 사용하는 툴을 중심으로 기초를 다지고, 나중에 많은 경험을 쌓게 되면 스스로 습득하게 되는 부분이 많으므로, 처음부터 많은 기대를 가지고 학습하는 것 보다는 가볍게 기초만 닦는 것이 효율적이라 생각하고 정리되었다.

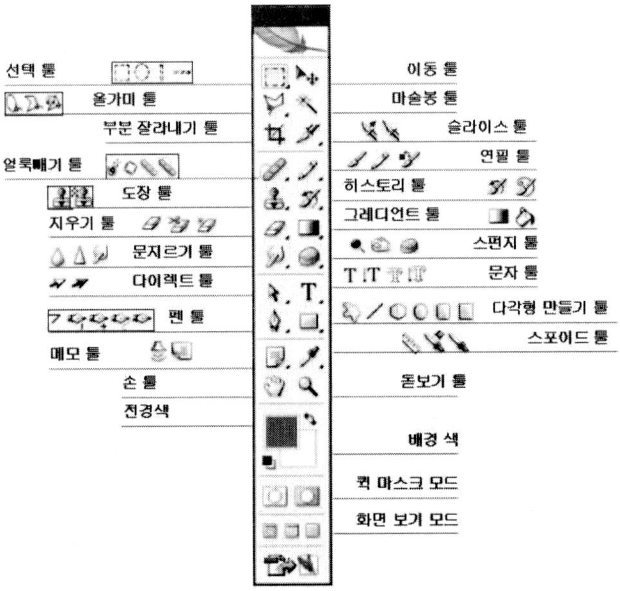

1. 선택 툴 ( )

• 선택 툴을 클릭하고 이미지 작업창에서 드래그 하여 자르기, 색칠, 복사 등을 실행

※ 선택 툴에서 선택한 영역은 (Ctrl + D)의 단축키로 취소할 수 있다.
※ Ctrl+C 이미지 복사 → Ctrl+V 복사한 이미지 넣기
❶ 사각형 ❷ 원형 ❸ 홑 행 선택 툴 ❹ 홑 열 선택 툴

2. 마술봉 툴(선택 툴,)

• 선택 툴과 같은 기능이며, 마술봉 툴은 유사한 색상 값을 가진 영역을 한 번에 선택

• Tolerance 값이 클수록 선택영역이 넓어지고 값은 0에서 최대 255이다.
• Anti-aliased : 선택 경계선을 부드럽게 한다.

3. 올가미 툴(선택 툴,)

- Lasso Tool : 시작점을 클릭한 후 선택하고 싶은 부분을 마음대로 드래그 하여 선택. Shift + Alt(선택영역을 더함), Shift + Ctrl(선택영역을 뺌)
- Polygonal Lasso Tool : 다각형 모양의 이미지 선택, 즉 각 꼭짓점을 연결하여 선택.
- Magnetic Lasso Tool(자석올가미 툴) : 이미지의 경계를 따라 자동적으로 선택.

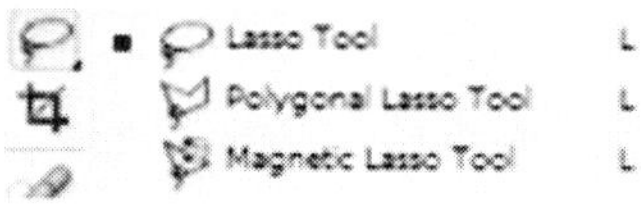

4. 도장 툴(Stamp Tool,)

- 도장 툴( ) : 이미지의 일부를 복사하여 다른 부분에 자연스럽게 붙여 넣는 기능, 특정한 부분의 이미지를 수정하거나 이미지의 상태가 좋지 않은 부분을 좋은 부분으로 대체할 때 유용한 툴이다.
- 패턴 도장 툴( ) : 도장 툴과 달리 이미지를 복제하는 것이 아니라 만들어진 패턴을 다른 영역에 덧칠하는 기능이다. 특정한 형태의 무늬를 규칙적으로 넣을 때 효과적이다.

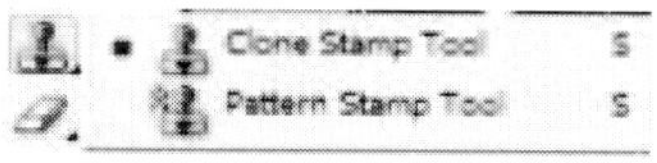

- Lasso Tool : 시작점을 클릭한 후 선택하고 싶은 부분을 마음대로 드래그 하여 선택. Shift + Alt(선택영역을 더함), Shift + Ctrl(선택영역을 뺌)
- Polygonal Lasso Tool : 다각형 모양의 이미지 선택, 즉 각 꼭짓점을 연결하여 선택.
- Magnetic Lasso Tool(자석올가미 툴) : 이미지의 경계를 따라 자동적으로 선택.

(도장툴 선택) → Brush: 13 (크기설정) → Alt + 복사할 부분 클릭 → 붙여 넣을 부분에 마우스로 드래그

- 도장 툴(Stamp Tool)은 이미지의 일부를 복사하여 다른 부분에 자연스럽게 붙여 넣는 기능

5. 히스토리브러시 툴(History Tool,)

- History Tool 클릭 → 브러시 크기 선택 → 마우스로 문지른다(드래그).
- (도장툴 선택)에 의하여 지워진 부분을 회복하는 기능

6. 지우개 툴(Eraser Tool,)

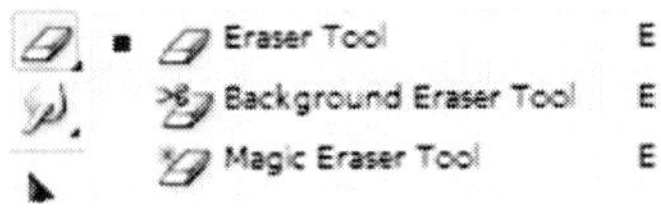

- Eraser Tool 클릭 → 브러시 크기 선택 → 마우스로 문지른다 (드래그).
- 필요 없는 이미지를 지우는 기능

7. 그레디언트 툴(Gradient Tool,)

한 색이 다른 색으로 자연스럽게 변해 가는 효과, 즉 짙은 색에서 옅은 색으로 채도가 강에서 약으로 자연스럽게 변해 가는 효과를 만드는 기능이다. 그리고 색도 단순히 두 가지의 색뿐만 아니라 다양한 색을 사용할 수도 있다.

- Gradient Tool 클릭 → 전경색 설정 → 마우스로 대각선 방향으로 드래그
- 자연스럽게 색의 변화를 가짐과 동시에 다양한 색을 구상할 수도 있다.

8. 연필 툴(Pencil Tool,)

- Pencil Tool 클릭 → 브러시 크기 설정 → 작도
- 다양한 굵기로 선을 긋는 기능

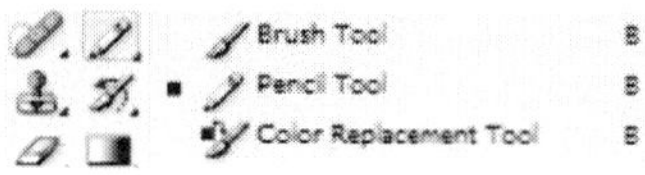

9. 글자 툴(Type Tool, T)

- Type Tool 클릭 → 글씨체, 크기, 글씨 강약조절, 문장 쓰기, 색상결정 → 작성

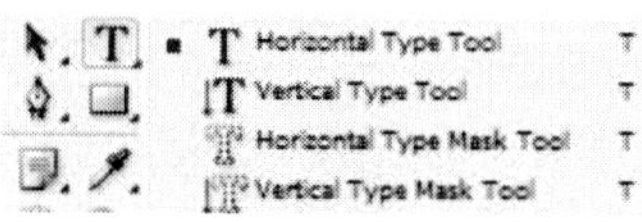

10. 자르기 툴(Crop Tool,)

• Crop Tool 클릭 → 대각선으로 드래그 → 자르기 영역을 정확히 조정 → 선택영역 내부에 마우스 커서를 두고 더블클릭

11. 기타 툴의 기능

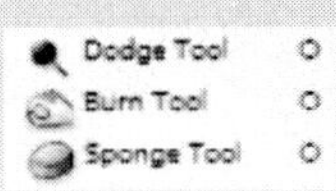	• 닷지 툴 : 밝게 하고자 하는 곳에 마우스로 문지름 • 번 툴 : 어둡게 하는 기능(닷지 툴과 반대 기능) • 스폰지 툴 : 색상의 채도를 줄이는 기능
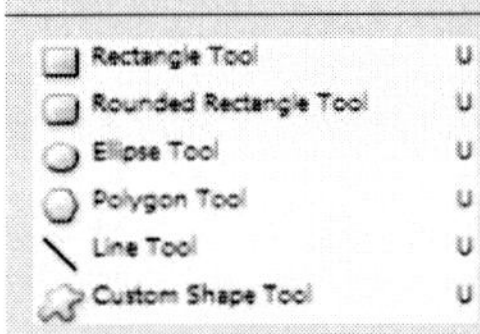	• 각 종 도형의 형태와 선을 작도하는 기능
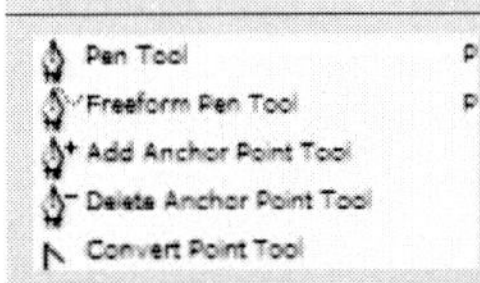	• 기형적인 영역의 선택 기능
	• 이동 툴 : 이동 툴은 복사, 자르기, 붙여넣기 등과 함께 하는 기능이 많음
	• 손 툴 : 화면 이동 기능
	• 돋보기 툴 : 선택한 영역 확대 기능
	• 이미지 보정작업 툴
	• 전경색 : 전경색으로 색칠하기(Alt+Delete) • 배경색 : 배경색으로 색칠하기(Ctrl+Delete)
	• 퀵 마스크 모드 : 선택의 툴 기능이지만 다른 툴의 기능보다 정밀한 기능이 가능
	• 화면보기 기능

Chapter 02 포토샵에 의한 투시도 보정작업

이미지 작업

3DS Max프로그램에서 작업을 하고 이미지를 Targa파일로 저장한다. 그리고 Photo shop에서 Targa파일의 이미지를 불러들여서 배경 및 조경작업을 한다. 물론 3DS Max에 보다 더 효과적으로 할 수 있지만 신속하게 실 이미지의 배경이나 조경이 필요할 때는 Photo shop에서 작업하는 것이 보다 더 효율적인 면이 있다.

Lesson 01 이미지 File 열기

1. Max 작업 후, Photo Shop에서 File 불러오기

(1) 파일 불러오기

File → Open → Targa 파일 열기 → 소스에서 하늘부분 가져오기 → 이동 툴로 Background에 이동 → Ctrl+T(크기조절) → Layer에서 Background 전면으로 이동 → 반복 작업

(2) 이미지 크기 설정

Main 메뉴 → Image → Image Size

- Pixel Dimensions : 모니터 화면에 보이는 이미지 가로, 세로 크기.
- Document Size : 출력할 때 인쇄될 이미지의 가로, 세로 크기, 보통 크기를 조절할 경우에는 이 부분에서 조절한다.
- Constrain Proportions : 가로, 세로 일정비율로 자동적으로 조정가능 기능
- Resample Image : 원래이미지 크기를 유지할 것인지 선택하는 기능

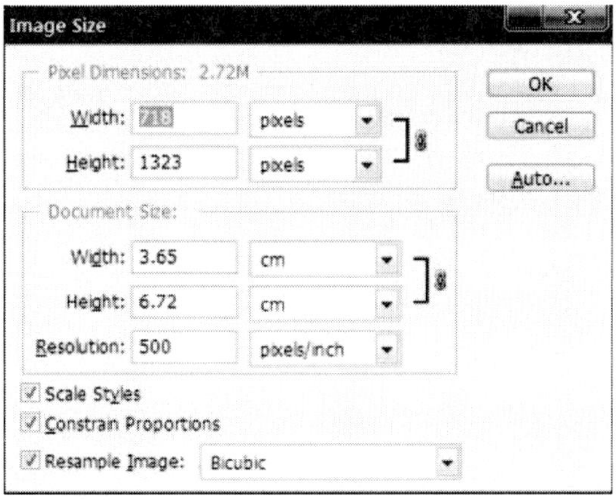

※ Pixel은 해상도를 뜻하며, 신문(80Pixel), 일반 학생작품(120Pixel) 등의 특성에 따라 픽셀을 가장 적절하게 조정한다.

(3) 캔버스 크기 바꾸기

이미지 보정 작업을 하다 보면 켄버스의 크기를 더 크거나 작게 만들어야 할 때, 즉 이미지의 편집을 위한 여백과 공간을 만들 때 필요한 기능이다.
작업할 때 이미지 작업 영역에 여백이 없으면 임시적으로 이미지를 불러들어 놓고 사용하기가 상당히 불편하므로 작업의 여백공간을 확보하는 것이 중요하다.

Main 메뉴 → Image → Canvas Size

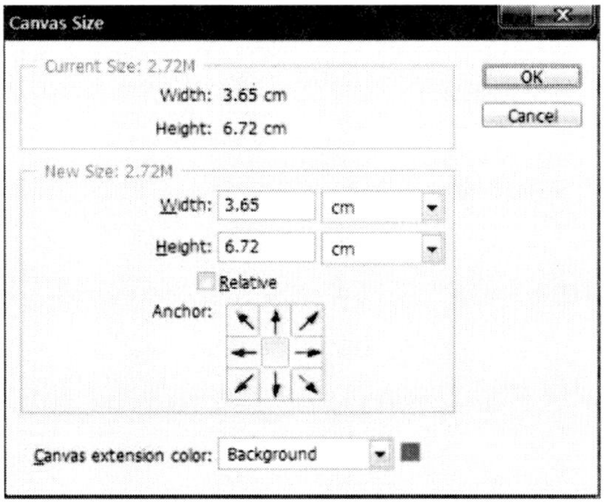

- Current Size : 현재 이미지의 캔버스 크기와 파일 용량을 표시
- New Size : 원하는 사이즈를 입력
- Anchor : 이미지 중심으로 확보되는 여백의 크기 표시
- Canvas extension color : 여백 바탕 색

여백이 없는 상태

여백이 가로세로 2cm 확보

2. 새 이미지 작업창 열기

보통 작업을 할 때, 우선 새 이미지 작업창을 적당한 크기와 픽셀을 정하고, Targa파일을 열어서 해당 이미지를 이 작업창으로 복사 이동하여 본격적인 작업을 하게 된다. 배경 Layer와 투시도(Targa 파일)Layer를 구분하여 작업할 수가 있어 편리하다.

(1) 새 이미지 작업창 열기

Main manu → File → New → 아래와 같은 창이 오픈(크기 설정) → OK 클릭

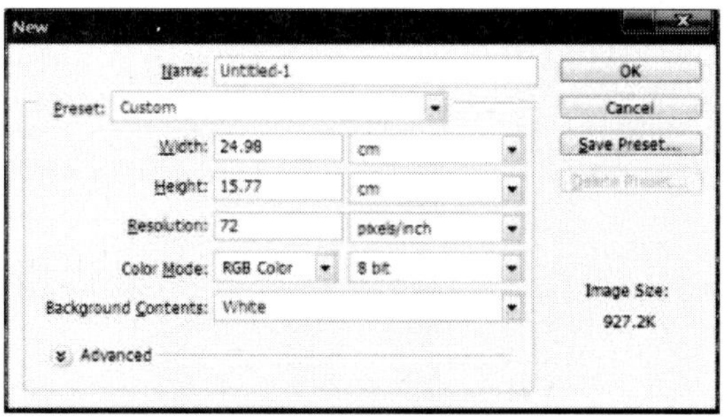

- 이미지 작업 창 크기(이미지 크기) 조절 : 가로(Width) 세로(Height) 설정
- Resolution에서 픽셀 크기 입력

(2) 이미지 복사해 넣기

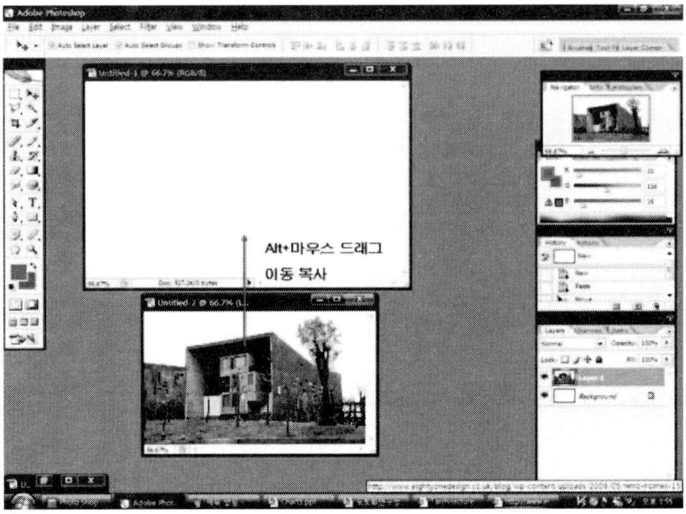

이미지를 Alt+마우스 드래그로 이동 복사하여 작업한다.

※ 이미지를 출력하였을 때 크기를 고려하여 설정한다.

■■■■

Lesson 02 이미지 연출

1. 색칠하기

왼쪽 컬러 필드에서 필요한 색을 클릭하면, 선택한 색상이 컬러선택모드에 반영된다. 그리고 칠할 곳에 영역을 설정하고 칠하기 한다.

① Ctrl+Delete (배경색으로 칠하기)
② Alt+Delete (전경색으로 칠하기)

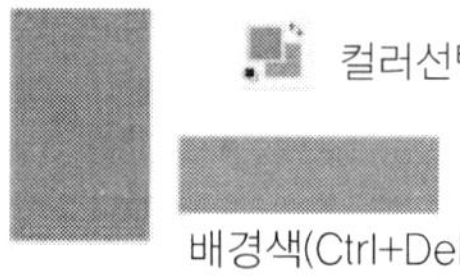

2. 선명한 이미지 연출(Brightness/Contrast)

(1) 색의 밝기와 선명도

색의 밝기와 선명도, 즉 명도와 대비(Contrast)를 조절하는 가장 기본적인 기능이다. 사용하기에 편하지만 중간색이 없어 효과가 극단적이므로 이미지에서 Levels 기능이나 Curves기능을 사용하는 것이 좋다.

Main 메뉴 : Image → Adjustments → Brightness/Contrast

• 밝기조절 → Brightness
• 선명도 조절 → Brightness

수치가 높을수록 밝고 선명하다.

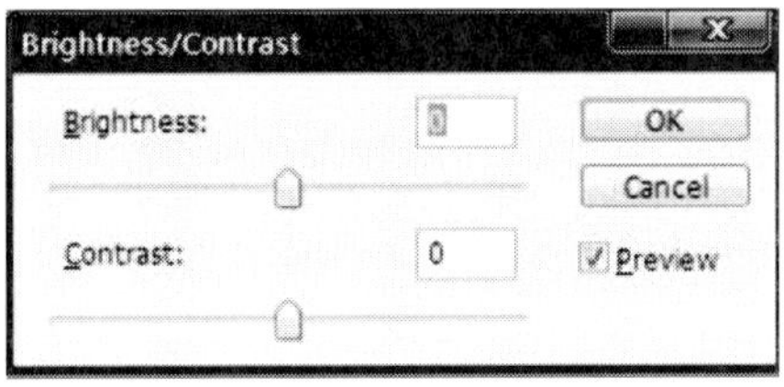

(2) 색상 감마 곡선을 통해 이미지의 명도와 대비를 보정하는 방법

• Image → Adjustments → Curves

그래프의 선위에 마우스 커서를 올려놓고 위쪽으로 드래그하면 이미지가 밝아지고 반대방향은 어두워지다.

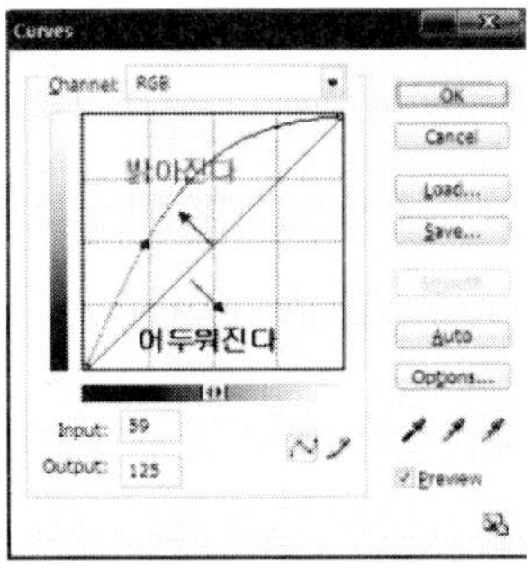

(3) 튀는 색상을 균형 있게 조정하는 법

• Image → Adjustments → Curves

이미지에 있는 특정한 색상을 더하거나 빼면서 색의 균형을 잡는 기능이다. 즉, 튀는 색을 완만하게 조정할 수 있다.

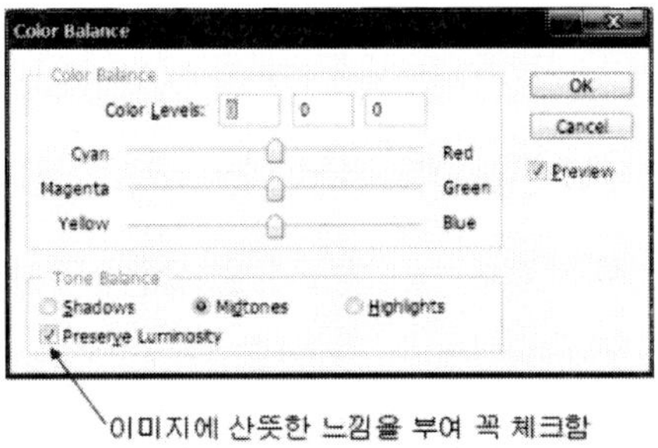

3. 이미지 변형

이미지의 모양을 변형하는 것으로 이미지를 보정할 때 Transform 명령어를 사용하며, 특별한 방법이 있는 것이 아니라 선택영역을 늘리거나 비트는 것으로 쉽게 할 수가 있다.

(1) 크기 조정(Ctrl + T)

Main메뉴 → Edit → Free Transform(Ctrl + T) → ↵

• 보통 크기를 조정할 때 많이 사용하는 방법 (Ctrl + T)

(2) Transform 기능

Transform 기능에는 크기조정 및 회전, 비틀기, 원근감, 투시도 등의 다양한 기능들이 있다. 사용방법은 모두 비슷한 방법으로 몇 가지의 사용 예를 들었다.

회전(Rotate)

① Edit → Transform → Rotate 선택

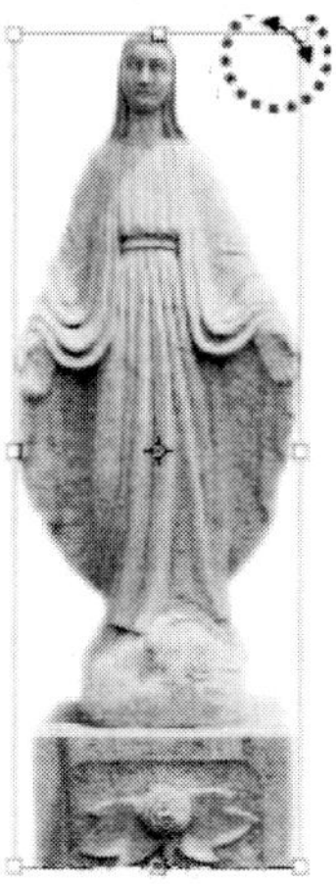

마우스 드래그 하여 회전(Shift를 누르면서 마우스 드래그하면 15° 씩 회전)

평행 사변형(Skew)

양쪽 모서리를 모으면 원근감 형성

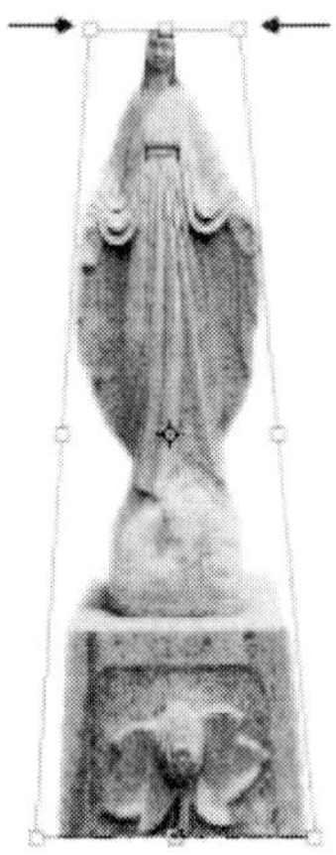

Alt를 누른 채 드래그하면 대각선 반대편도 함께 움직인다.

• Distort : 원하는 형태를 자유롭게 조절하기 쉬운 기능
• Perspective : 멀리 있거나 가까이 있는 듯한 원근감을 살릴 때 사용

4. 선택영역 더하고 빼기

선택영역을 더하는 경우와 또는 선택 객체를 더하고 뺄 수가 있어서 작업에 아주 편리한 기능이다. 기본적으로 Shift는 선택을 더하고 Alt는 선택을 빼는 기능을 한다.

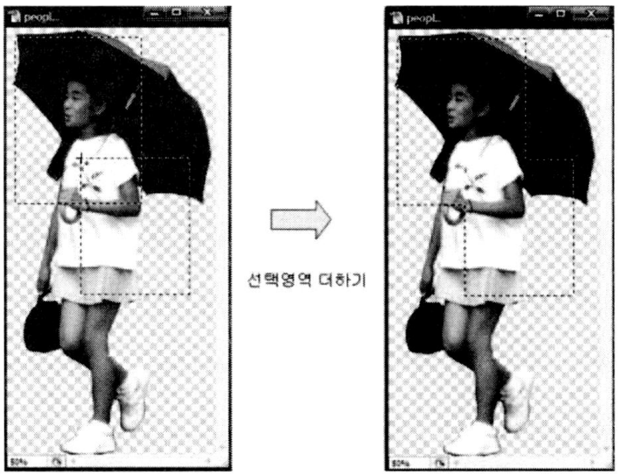

• (선택 툴)선택 → 선택 툴 드래그 + Shift → 선택영역 합

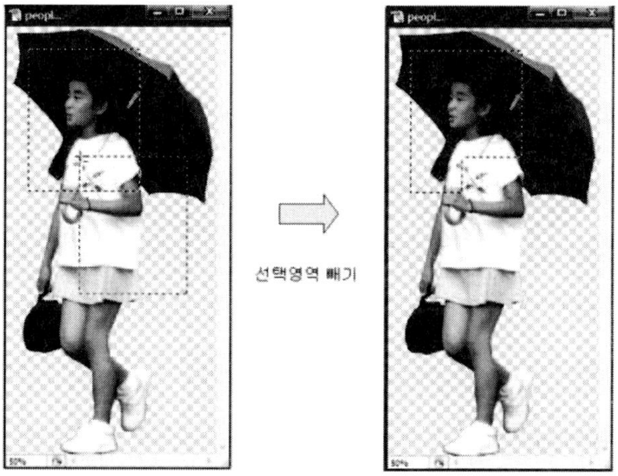

• (선택 툴)선택 → 선택 툴 드래그 + Alt → 선택영역 차

5. 복사이동(Alt + 마우스 드래그)

• 마우스 드래그 + Alt → 복사이동

6. 작업 복원과 되살리기

History 팔레트에서 복원하고 싶은 작업을 찾아 돌아갈 수 있고, 또 원상태로 돌아올 수도 있다.

• History 팔레트에서 전 작업을 선택하게 되면 다시 과거 작업 상태로 돌아간다.
• 되살리기(Ctrl + Z) 단축키

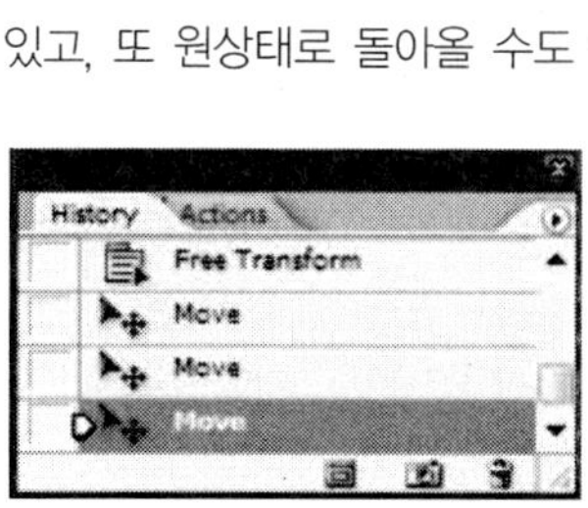

7. Layer

작업과정을 레이어로 만들어 놓으면 작업도 편하고 편집이 아주 자유로울 뿐만 아니라 이미지 겹치기 순서 조정도 가능 등 아주 편리하므로 레이어 설정과 활용에 철저한 학습이 필요하다.

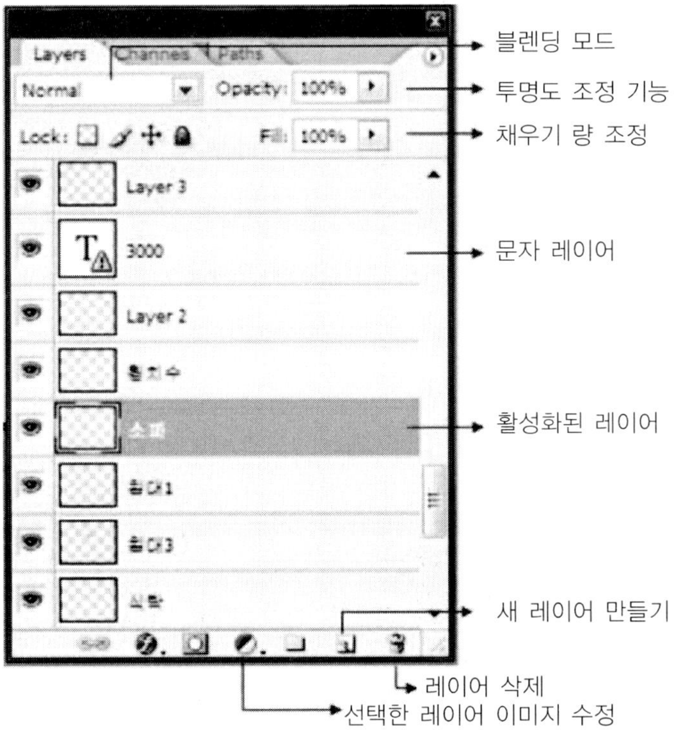

① 새 Layer를 만들어 복사하기

• 레이어 창 → 새 레이어 만들기 아이콘

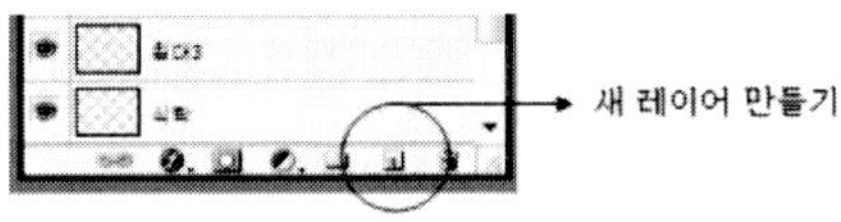

② Layer 복사(Ctrl+J) : 대상Layer 클릭, 레이어 만들기 박스까지 드래그

방법 1 : 레이어 창 → 레이어 선택(거실) → Ctrl+J → 거실 copy 형성

방법 2 : 레이어 창 → 레이어 선택(거실) 마우스로 새 레이어 만들기 아이콘까지 드래그(Ctrl+J) → 거실 copy 형성

③ Layer 합치기(Layer팔레트 메뉴에서)

Flatten → 모든 Layer를 하나로 합치기

- 레이어 창 → 거실copy 선택 → Layer 팔레트 메뉴 → Flatten
- 모든 레이어가 하나로 합쳐진다.

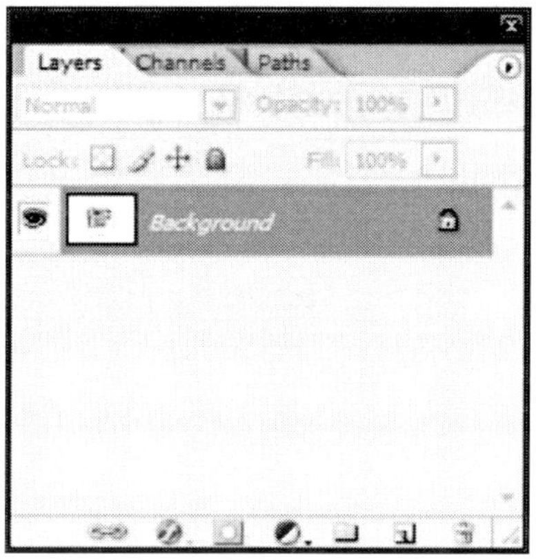

Merge Down(Ctrl+E) → 아래 Layer와 합치기

- 레이어 창 → 거실copy 선택 → Layer 팔레트 메뉴 → Merge Down
- 거실copy 레이어 아래의 거실 레이어에 복속된다.

기타 레이어 합치기 기능

- Merge Linked : 링크된 Layer만 합치기
- Merge Visible : 켜져 있는 Layer만 합치기

8. 그림자 효과(블록, 오목효과 등)

(1) 입체효과

그림자 효과는 사물을 더욱 더 사실적 강조 또는 입체적 효과가 매우 크다. 따라서 그림자 방향과 길이 등을 잘 조정하여 설정하는 것이 매우 중요하다.

① Main 메뉴 → Layer → Layer Style → Prop shadow

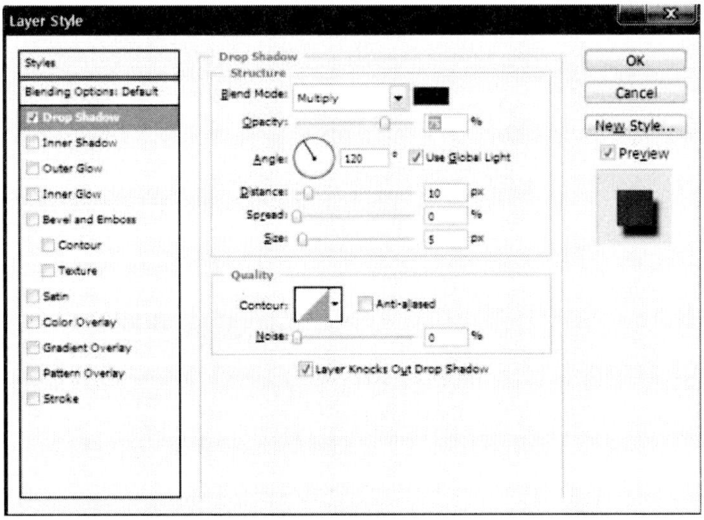

- Blend Mode : 그림자 속성 선택
- Opacity : 그림자 투명도
- Angle : 그림자 생성 각도
- Distance : 그림자 생성 길이
- Size : 그림자 선명도

② OK

(2) 그림자 만들기

태양에 의한 그림자 생성은 보다 더 실물의 실감을 한 층 더 효과를 더해준다. 그림자 생성 시간을 고려한 그림자 길이 설정, 방향 그리고 바탕 재질을 반영하기위한 투명도 등을 설정하여 만든다.

① 이미지 Copy → Main 메뉴 → Transform → Rotate 90˚

② Main 메뉴 → Transform → skew 명령어로 그림자 효과를 위한 형태잡기(하체를 길게 한다)

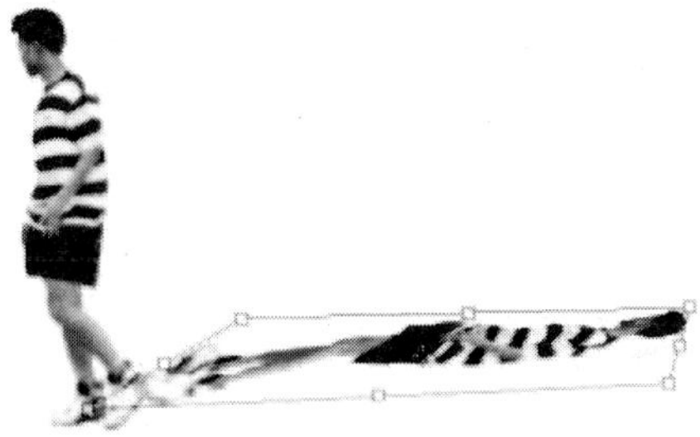

③ Main 메뉴 → Image → Adjustments → Brightness/ Contrast에서 Contrast를 −70 이상 설정 → 마술봉 선택

④ 검은색 칠하기(Ctrl+Delete) → 레이어 윗부분의 Opacity 조정 (투명도)

9. 야간 투시도 효과

일단 주변을 어둡게 하고 빛이 있는 곳을 두어 빛 효과를 설정하여 야간의 이미지를 조성한다.

(1) 밝기와 콘트라스트 조정

① 주간투시도 열기 → Main 메뉴 → Image → Adjustments → Brightness/ Contrast 창에서 밝기와 콘트라스트 조절하여 밤의 분위기를 조성

주간 투시도

야간 투시도

- 주변 모두를 야간으로 어둡게 조성

※ 단, 조정하고 싶은 이미지의 Layer를 활성화 하고서 작업한다.

(2) 빛 효과 주기

- Main 메뉴 → Filter → Render → Lighting Effects
- Omni 선택 → OK

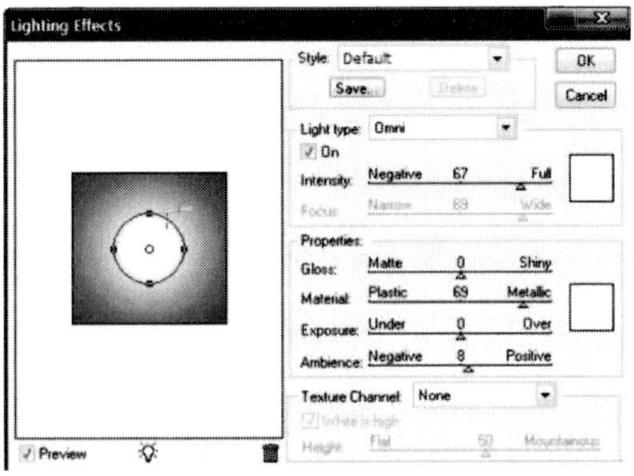

10. 물에 비친 이미지 연출

일단 투시도와 똑같게 복사하여 거꾸로 회전시켜 붙이고 수면에 반영된 효과를 주고 물결이 출렁이는 효과를 주면 된다.

물에 비친 모습의 실 사진

(1) 이미지 복사 및 회전

• 이미지를 복사하여 거꾸로 회전 : Main 메뉴 → Edit → Transform → Flip vertical

(2) 수면효과 반영

• 잔잔한 수면에 건물이 반영된 모습 표현 : Main 메뉴 → Filter → Blur → Motion Blur

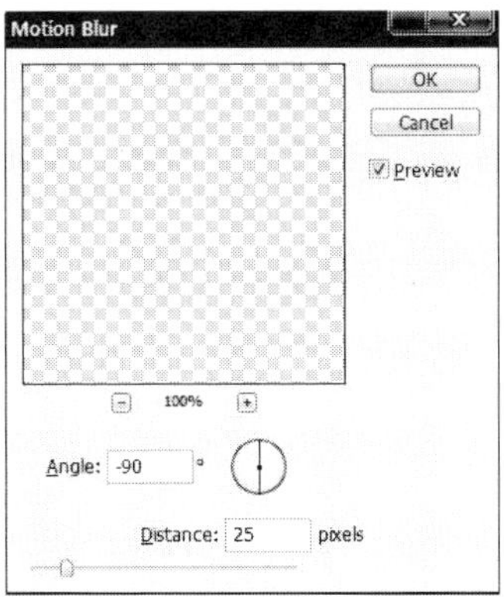

(3) 수면이 출렁이는 효과

- 바람에 출렁이는 수면위에 반영된 모습 표현 : Main 메뉴 → Filter → Distort → Ripple
- Layers 팔레트에서 불투명도(Opacity)를 80%로 설정한다.

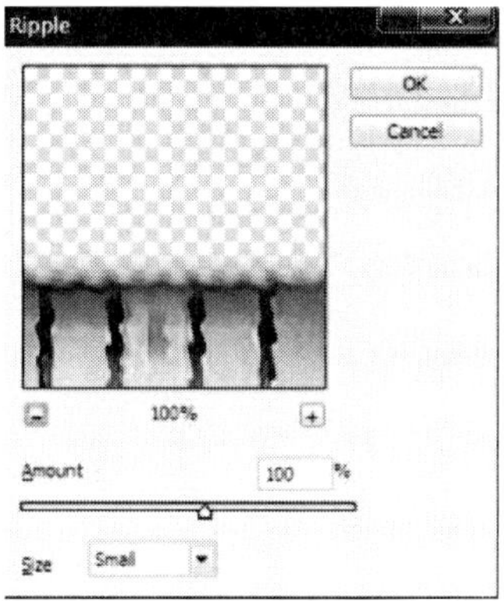

11. 부분 이미지 효과

이미지의 외곽을 단계적으로 자연스럽게 흐리게 하는 방법으로 특정의 이미지를 오려내고 그 경계부분의 외곽을 흐리게 만든다.

① 원형선택 툴 선택 → Main 메뉴 → Select → Inverse

② Feather 값을 크게 할수록 영역이 넓어짐, Style을 Normal

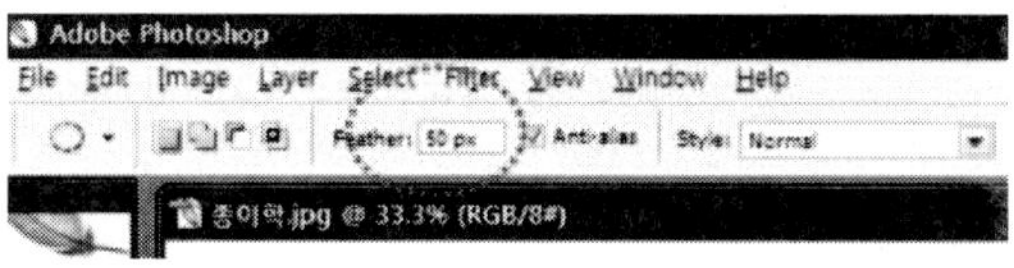

③ 전경색을 검정색으로 지정하고, Delete 키를 눌러 원형으로 이미지 선택

④ 원형선택 툴 선택 → Main 메뉴 → Edit → Fill (White, Normal 각각 설정)

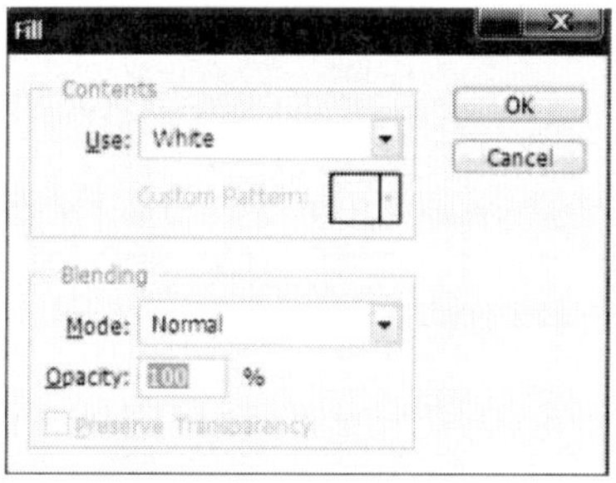

⑤ Ctrl + D 선택을 취소

12. 문자 새기기

바탕 재료의 특성이 문자에 반영되는 방식으로 문자를 새기는 방법이며, 주로 석재에 글씨를 새길 때 많이 사용하는 것으로 예를 들었다.

① 입체 문자툴 선택 → 위와 같은 모드에서 문자 작성

② 원형선택 툴 선택 → Main 메뉴 → Edit → Fill (White, Normal 각각 설정)

③ Main 메뉴 → Filter → Stylize → Emboss 필터적용 (Height가 클수록 깊어진다.)

④ Ctrl + D 선택 해제 → 완성

Chapter 03

평면도 출력과 이미지 작업

평면도 포토샵 작업

1. Auto CAD 평면도 Photo Shop 작업을 위한 파일출력

파일 출력을 할 수 있도록 전 단락에서 PLT설정을 하였고, 다음과 같은 순서로 파일출력을 진행한다.

① PLT설정 때 설치한 플로터를 선택
② 파일에 플롯(F) 선택
③ 용지크기(Z) 설정
④ 플롯 영역설정에서 플롯대상(W)을 윈도우를 선택 → 마우스로 윈도우 드래그 한다.
⑤ 미리보기 확인 → 파일출력 장소, 이름 설정 → Model. EPS 파일 생성

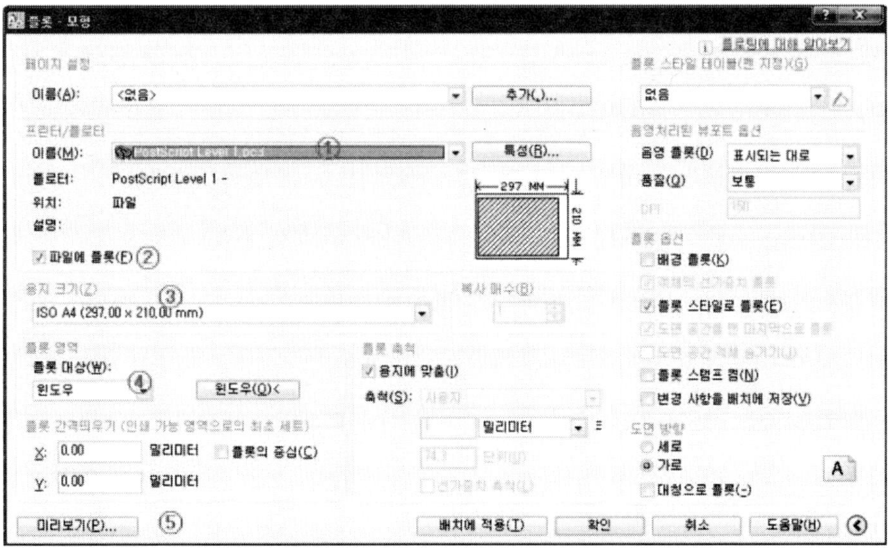

2. 파일열기와 이동

① 파일열기(Model. EPS 파일)

② 새 이미지작업창 열기 → 픽셀(120), 용지크기(25cm, 20cm)설정

③ 아래 그림에서 ①번 이미지를 ②번으로 이동(Ctrl + Shift+Alt+이동키), 그리고 같은 것을 세 번 정도 이동시켜 도면이 짙어보이게 한다.

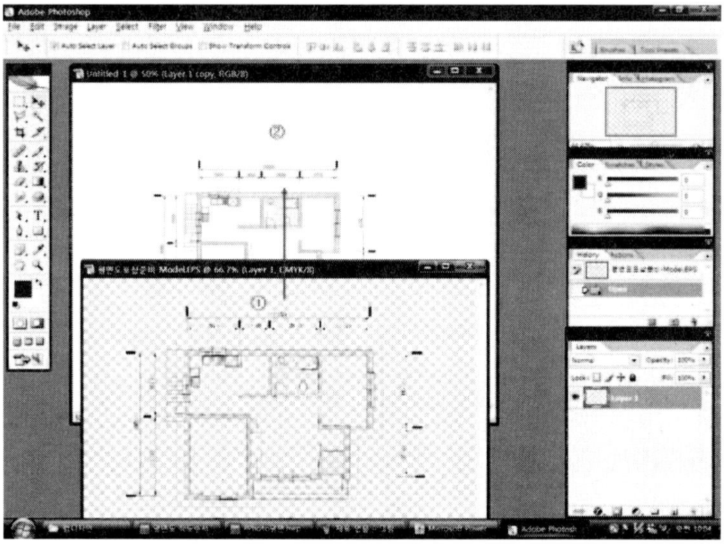

3. 평면도 이미지 작업

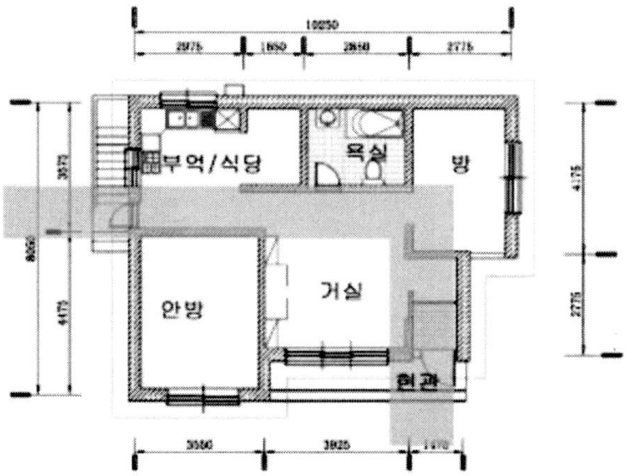

Chapter 04

패널에 각 도면을 모아 배치하는 방법

도판작업

건축도면을 공모전이나 작품전시를 할 경우 보통 90*180cm의 패널에 도면을 입혀서 전시하게 된다. 이런 작업에 있어 필요한 도면들은 일반적으로 투시도, 평면도, 입/단면도, 개념도, 부분투시도 등의 도면들이 많이 있다. 따라서 이런 많은 각각의 도면들을 90*180cm의 패널에 잘 배치하여 전시하게 된다.

1. 패널 크기 설정

① 새 이미지 작업창 열기
② 패널 크기 설정과 픽셀 설정(예, 90×180cm)
③ 디자인 또는 배치계획
④ 작업이 편하도록 작게 몇 등분으로 분할한다. (분할크기 : 90×30×3개)

패널 전체를 두고 디자인과 도면배치계획	작업에 편하도록 몇 개로 등분 계획
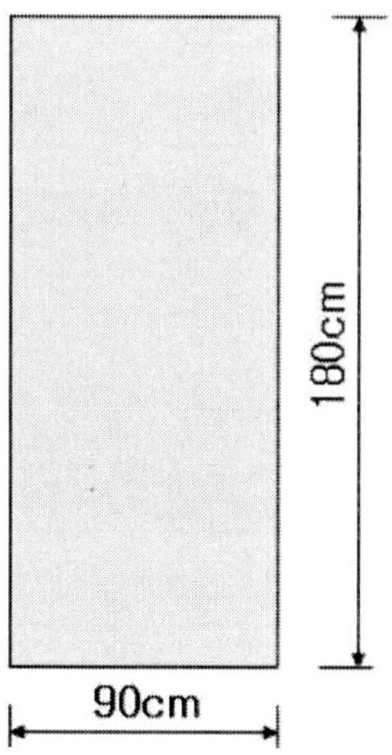	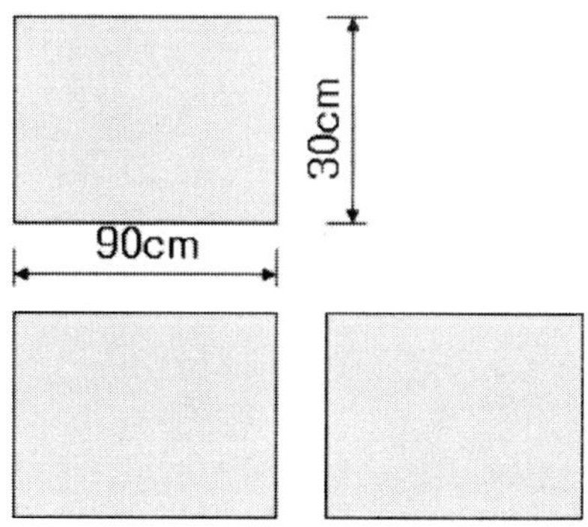

※ 도면배치계획을 하고 Project와 어울리게 먼저 도판을 디자인하여 자신의 작품을 알리기 위한 효과를 최대한 고려한다.

2. 패널에 각 도면 넣기

(1) 도면작업

이런 도판작업에는 작품 개념에 맞추어 먼저 패널 전체를 디자인하여 도면을 넣는 방법과 각 도면 하나하나가 패널에 모여서 이루어지는 경우가 있다. 어떤 방법으로 하여도 결국은 투시도, 평면도, 입/단면도, 부분투시도 등등은 따로 미리 도면을 만들어 둔다.

도면작도 및 저장	개별도면 조합
	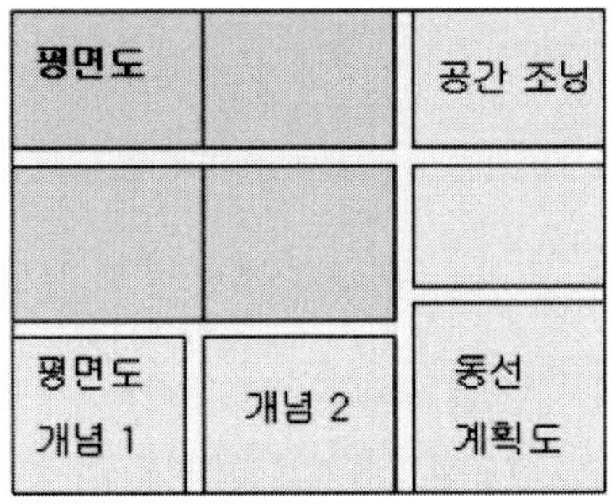

컴퓨터 그래픽 작업은 많은 메모리가 소요되므로 컴퓨터 속도가 느리거나 다운이 잘 된다. 그러나 이런 방법이라면 오랜 작업과 노력으로 이루어진 도면을 한꺼번에 잃어버리는 위험도 적을 뿐만 아니라 속도가 빨라져서 작업에 편리하다.

(2) 개별도면 조합

각각의 도면이 완성되고 패널의 디자인과 계획이 끝나면 도면을 패널에 넣는 작업을 진행하게 된다.

패널1	패널2	패널3
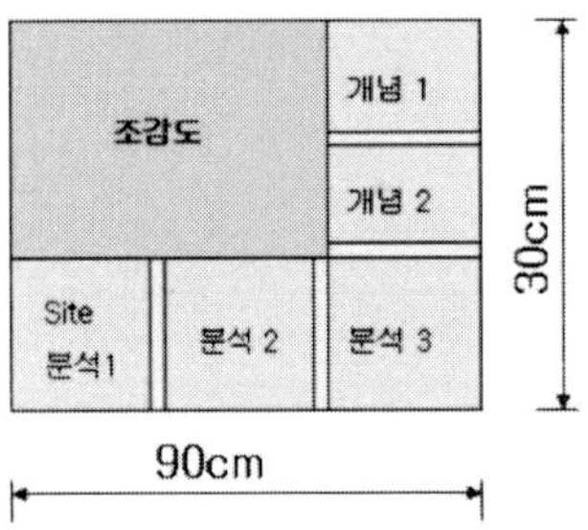	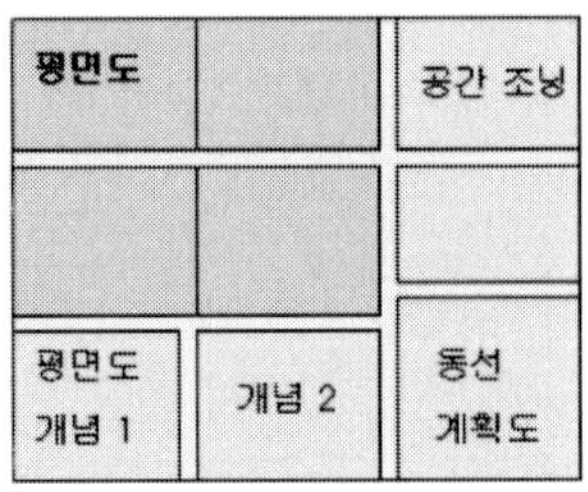	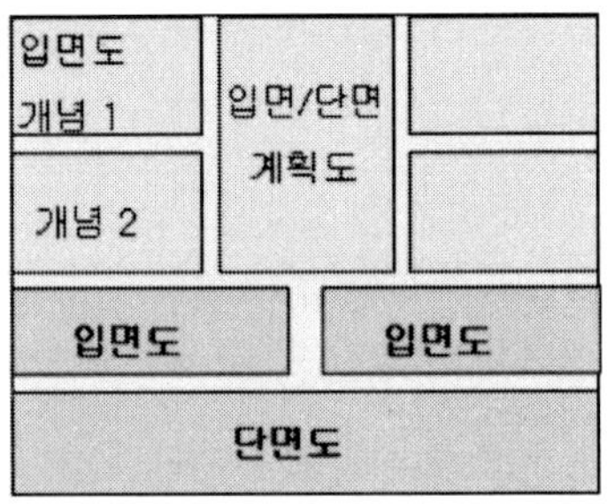

(3) 일반적인 패널구성계획의 예

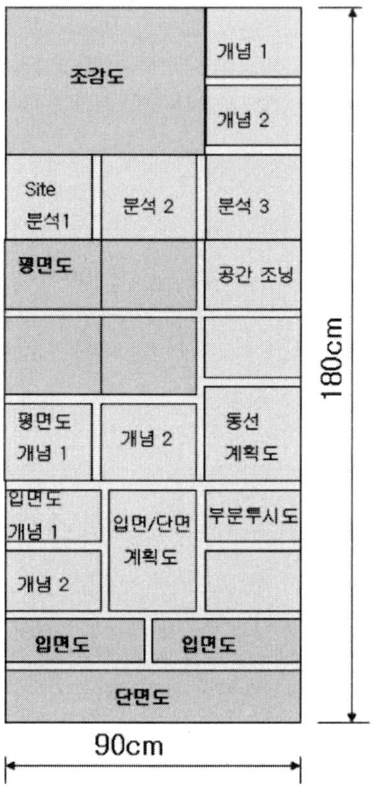

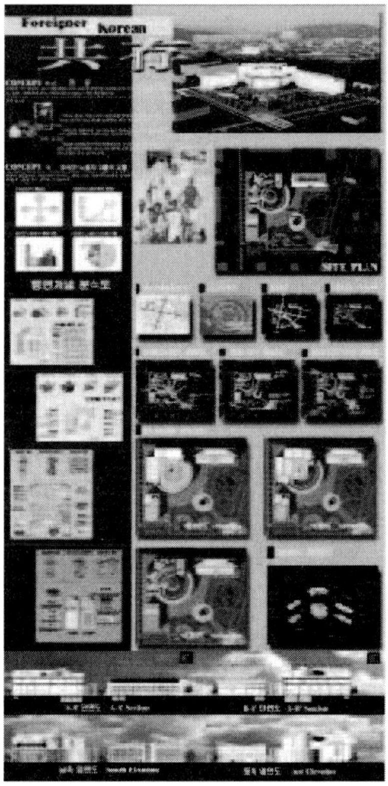

부록

부록

CAD활용능력 향상을 위한 학습도면으로 평면도, 입면도, 단면도, 부분상세도, 배근도 등을 수록하여, 반복학습 및 건축도면 작도 능력함양에 사용의 목적으로, 본문과 부록에서 다소 단순화하여 수정하였고 작도 연습용 도면으로만 제공하고 있다.

부록 01 기본 표기방법

방위 표시	출입구표시
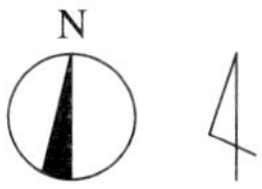	

축척 표시	절단방향 표시
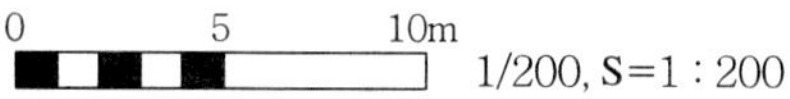	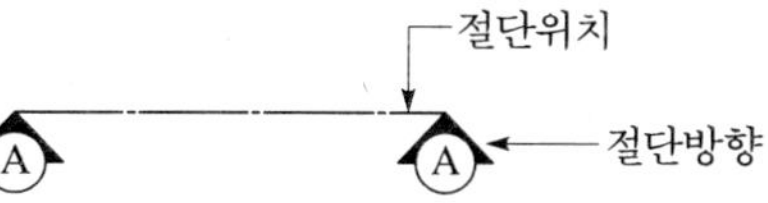

파단부 표시	각종 번호
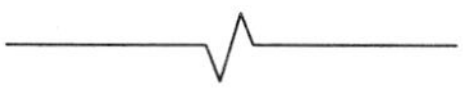	

치수표기 예

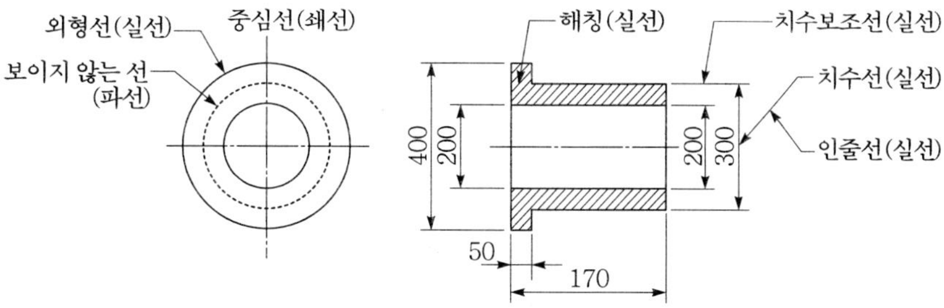

부록 02 지형도 작도연습

지형분석도

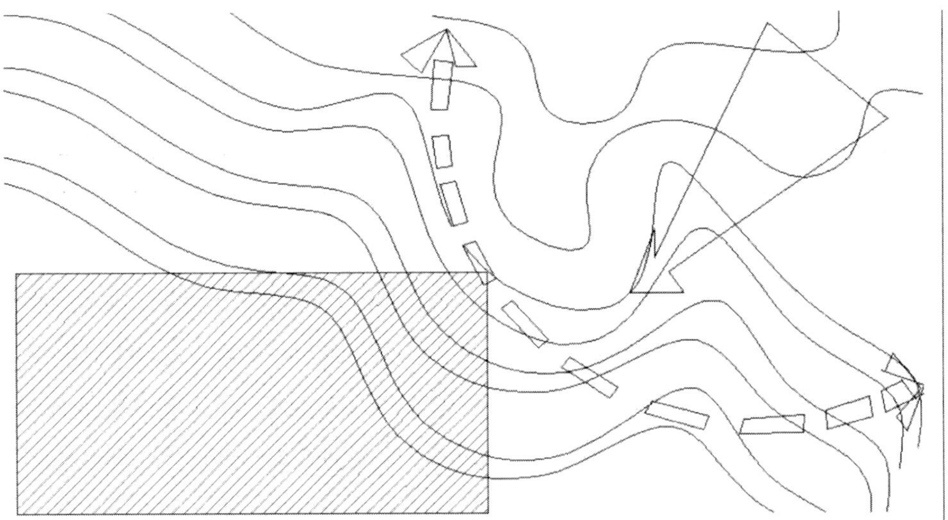

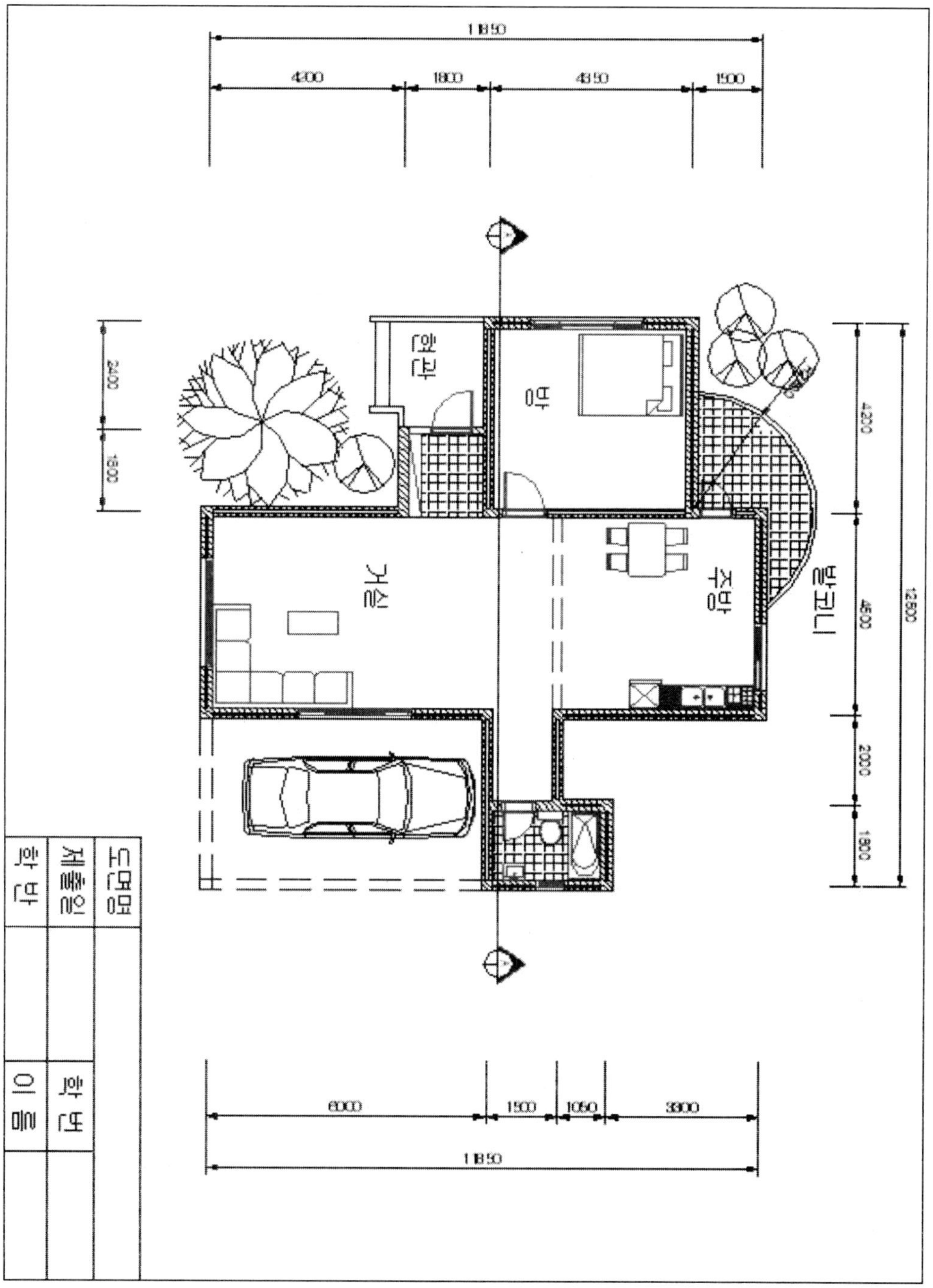
11850
4200
1800
4850
1500
현관
방
거실
주방
발코니
2400
1800
4200
4600
12600
2000
1800
6000
1500
1050
3800
11850
도면명
제출일
학 반
학 번
이 름

부록 04 입면도 작도연습

정 면 도

측 면 도

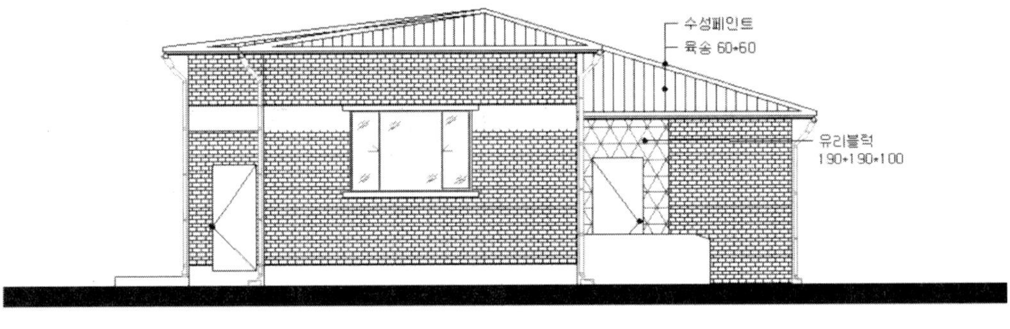

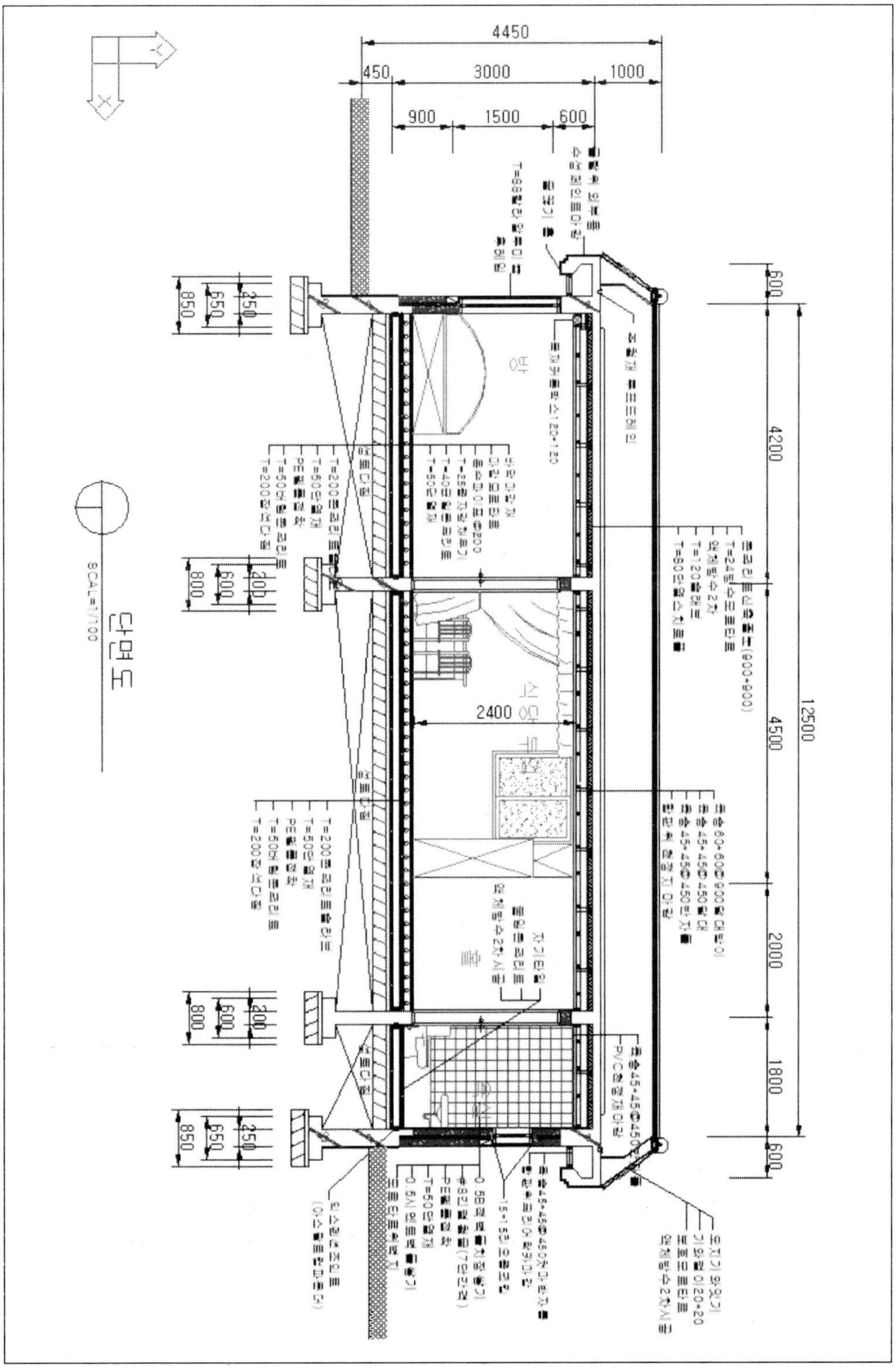
단면도
SCALE=1/100
4450
450
3000
1000
900
1500
600
12500
4200
4500
2000
1800
600
2400
850
650
250
800
600
200

부록 06 상세도 및 배근도 작도연습

기초와 바닥상세도

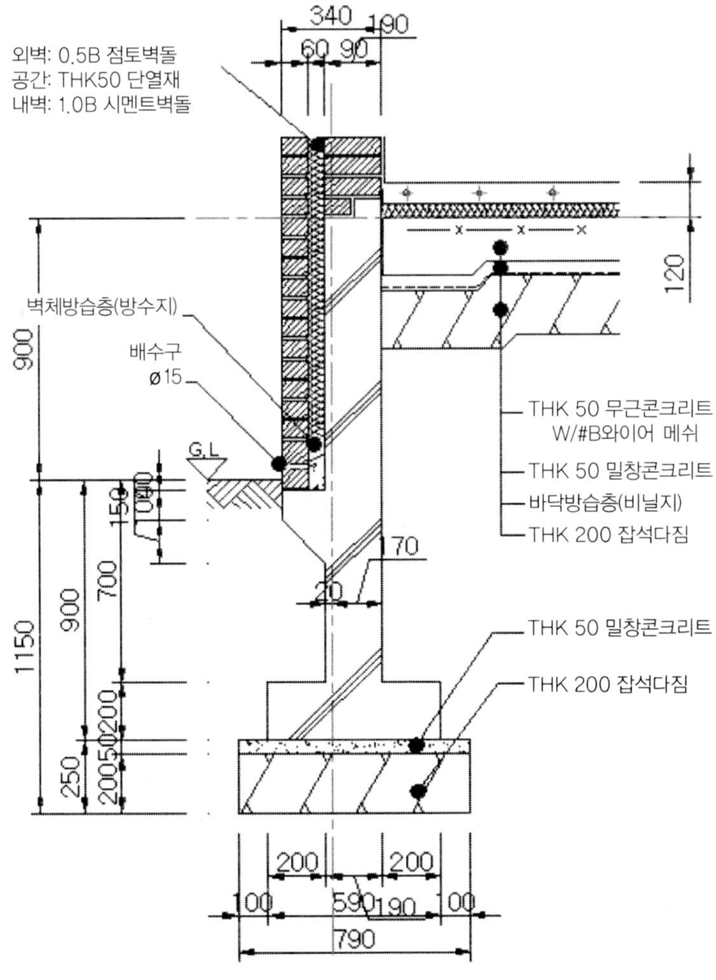

설명도(보, 슬래브)

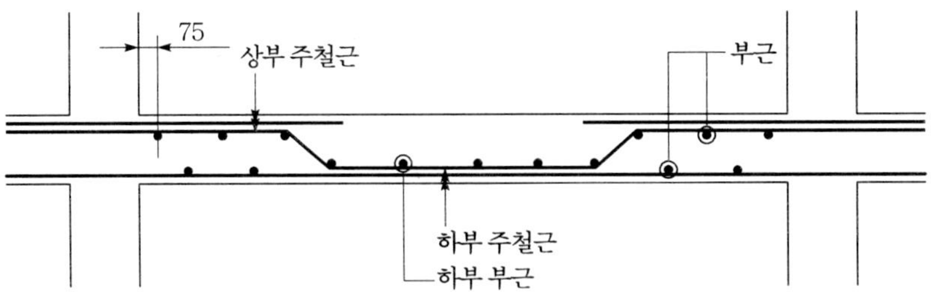

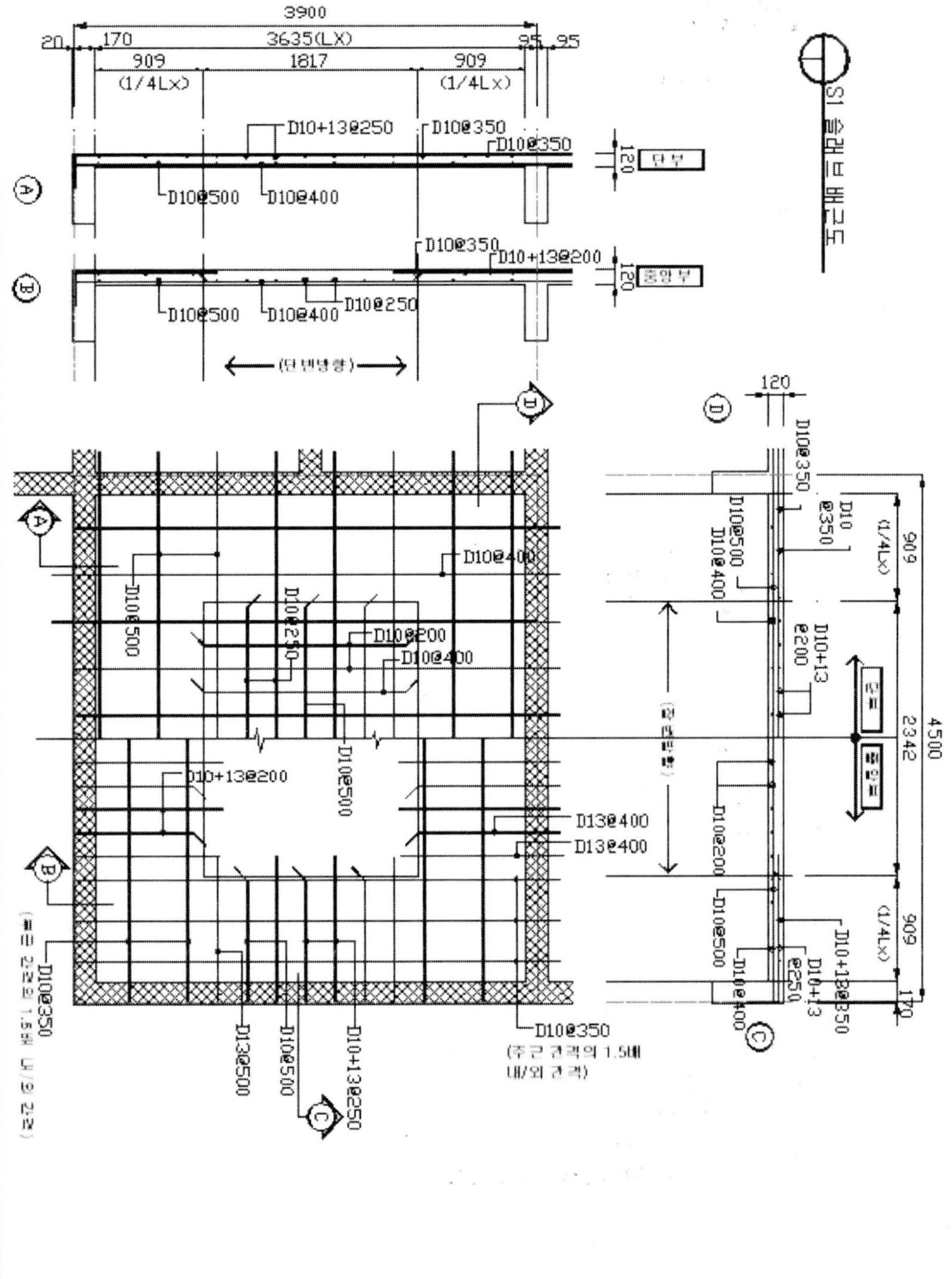
S1 슬래브 배근도
3900
20
170
3635(LX)
95
95
909
1817
909
(1/4Lx)
(1/4Lx)
D10+13@250
D10@350
D10@350
120
단부
D10@500
D10@400
D10@350
D10+13@200
120
중앙부
D10@500
D10@400
D10@250
(단변방향)
120
D10@350
D10@400
D10@500
D10@250
D10@200
D10@400
D10+13@200
D10@500
D13@400
D13@400
D10@350
D13@500
D10@500
D10+13@250
D10@350
(주근 간격의 1.5배 내/외 간격)
909
(1/4Lx)
2342
4500
909
(1/4Lx)
120
D10@350
D10@500
D10@400
D10+13 @200
D10@200
D10@500
D10@400
D10+13@350
D10+13 @250

저자 소개

임형규 : 연성대학교 건축과

김종기 : 한림성심대학교 건축과

신동규 : 경기과학기술대학교 건축인테리어과

정현원 : 김포대학교 실내건축디자인과

Constrution Auto CAD

건축캐드

저 자	임 형 규 · 김종기 · 신동규 · 정현원
발 행 처	구 미 서 관
발 행 인	임 해 진
발 행	2011년 1월 25일 초판 1쇄 2013년 1월 23일 초판 2쇄
주 소	서울시 마포구 동교동 174-7 구미빌딩
등 록	1979년 6월 29일 No. 9-6호
I S B N	978-89-8225-818-3(93560)

Tel : (대)333-1101 Fax : 335-2201

http://www.goomibook.com

정가 15,000원

저자와의 협의하에 인지를 생략합니다.